一窺光的真面目

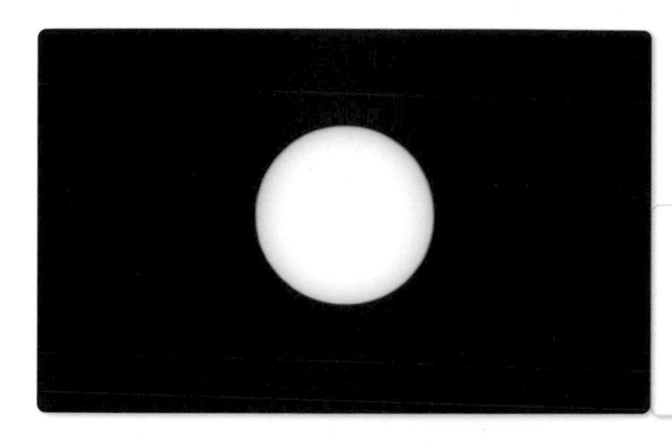

照片 3-1
白色的午間太陽。
（→第123頁）

照片 3-2
夕陽與朝陽的光在大氣層內走的距離比較長，故會喪失比較多短波長的光，使太陽的顏色偏紅。
（→第124頁）

照片 3-5
在太陽風的刺激下躍遷至激發態的電子，在回到基態時會放射出極光。
（→第143頁）

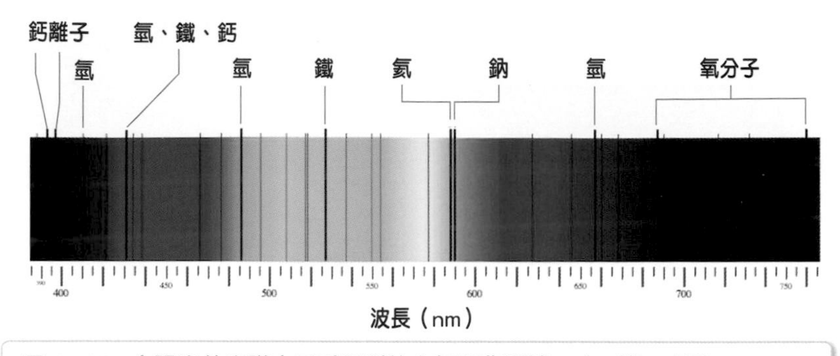

圖 3-18 太陽光的光譜中可看得到的夫朗和斐譜線。（→第153頁）

照片 4-1

摩周湖。只有波長較短的藍色或靛色光可以在水中漫射之後穿透湖面。
（→第219頁）

照片 4-2

只有藍色光在漫射後射出，故冰河看起來是藍色的。
（→第219頁）

圖解電波與光的基礎和運用

Nobuo Inoue
井上伸雄 著

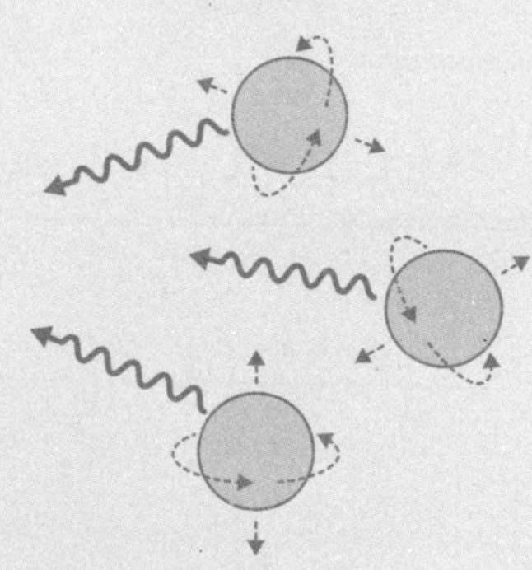

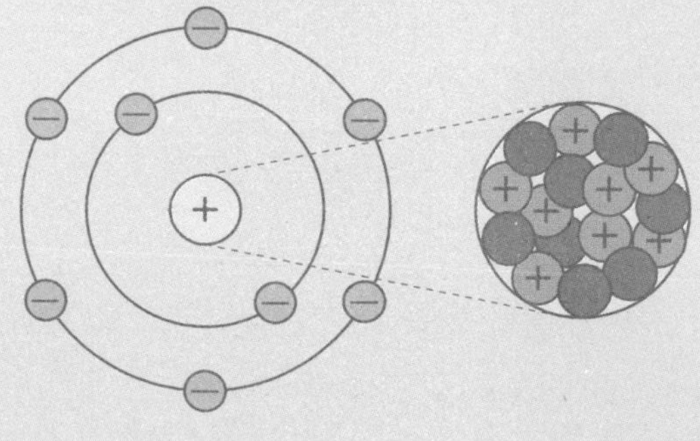

● 前言 ●

「電波」與「光」乍看之下是毫無關係的兩種東西，但事實上它們都是「電磁波」的一種，只差在波長不同而已。電磁波除了電波與光之外，還包括了紅外線、紫外線、X光攝影中會用到的X射線、令人聞之色變的輻射線中的γ射線。電波與光（可見光）只是電磁波的其中一部分而已。

本書將會用淺顯易懂的方式，介紹各種電磁波的性質、產生電磁波的原理，以及這些電磁波是如何被應用的。

電波與光皆屬於電磁波，如電磁波的名字所示，它們都是一種「波」，故兩者都有著像波一樣的行為。不過在20世紀後，陸續有人提出光可能是「粒子」的理論。時至今日，人們已經確立光同時擁有「波」和「粒子」的性質，如同擁有雙重人格的角色。然而對於一般人而言，這樣的敘述應該很難理解吧。

打開高中的物理教科書，是可以看到書上寫著「電波與光皆屬於波」、「光同時擁有波和粒子這兩種性質」、「除了光以外，還存在著如電子射線般，原本應該以粒子狀態存在的電子，卻也展現出波的性質」之類簡潔的敘述，但只看教科書的話還是讓人覺得一知半解。為了讓學生理解這些敘述，高中的老師們會想盡辦法用各種有趣、簡單易懂的方式說明。不過要是說明方式太爛，學生們就會覺得物理很難懂、很無聊，進而排斥學習物理，讓許多人逐漸遠離理科的學問。

本書的目標是將高中物理教科書中所提到的知識，以盡可能簡單、易懂的方式說明清楚。除了讓高中生看懂以外，也能回答一般人對電磁波的疑問。即使一般人覺得這些問題很困難而敬而遠之，也能在讀過這本書後，在某種程度上理解這些問題的答案。

手機和電視都會用到電波，是我們日常生活中常接觸到的應用，不過卻很少人知道為什麼要用這些頻率的電波，本書也會對此詳細說明。

說到光，其實可以談到不少一般人不太清楚的故事。本書會試著詳細說明這些內幕，讓大家看完後能有「啊，原來如此，是這個樣子啊」的感覺。

最近在天文學的領域內也出現了許多大新聞。這些天文學上的發現並非只靠肉眼可見的光，還用到了無線電波、X射線等新型的天文學研究方法。本書也花了一些篇幅介紹這些研究。

如果讀者在看過本書之後，能夠對原本覺得很困難而避之唯恐不及的電磁波開始有點興趣，並進一步試著瞭解相關知識，對我而言就是最大的回報了。

2018 年5 月

井上伸雄

CONTENTS

第2章 電磁波的本質

第3章 電波和光是同樣的東西

第4章 光的各種性質

第5章 接下來是光子學的時代

第1章

我們生活中不可或缺的電波

電波的發現

——赫茲的實驗與馬克士威的預言

我們的周圍充斥著各式各樣的電波。雖然我們在20世紀之後才真正懂得如何利用這些電波，但電波這種東西早在人類誕生以前就已經存在於自然界中。雷聲響起、閃電劃過天空時，放出的電流會在空中產生電波。地球上也可接收到來自太空的各種電波。

但是，肉眼看不到電波，手也摸不到電波。直到1888年，德國物理學家**赫茲**才以實驗首次確認到電波的存在。

有一次，赫茲用圖1-1的裝置進行實驗。圖的左側有兩根彼此靠得很近的金屬棒，當通以高壓電時，金屬棒間會產生火花放電。赫茲發現，此時放在附近、有一個狹小缺口的金屬環也會產生小小的火花。當赫茲停止金屬棒的通電後，金屬環缺口的火花也會消失。這兩根金屬棒與金屬環並沒有直接接觸，故只能想像可能是金屬棒間隙的火花產生了某種東西，經過空氣跑到金屬環的缺口，並在那裡產生了火花。而這所謂的某種東西，其實就是電波。

現在的我們已經很清楚，火花放電會產生電波。譬如說，打雷時會使收音機（特別是AM電台）產生沙沙沙的雜音。或許有些人還記得，在電視還是類比訊號的年代，打雷時畫面就會出現黑、白斑點。而開車聽收音機時，若旁邊有機車經過，機車引擎的火花放電所產生的電波，就會使收音機出現噪音，想必有不少人有這樣的經驗。赫茲的實驗首次確認到了火花放電所產生的電波。

赫茲的實驗裝置中，左側的兩根金屬棒是電波的放射器，右側的金屬環則是共振器。赫茲用放大鏡確認金屬環缺口所產生的微弱火花，並逐步調整作為電波接收端之共振器與電波放射器間的距離或方向，仔細觀察要在什麼樣的條件下，才能讓金屬環產生火花。結果發現，當他改變放射器與共振器之間的距離時，能誘發火花的共振器位置皆間隔一定距離。故赫茲推測放射器產生的應該是某種波。

我們會在第2章中談到，在赫茲發現電波的存在之前，英國的物理學家**馬克士威**便已經發現電力與磁力會彼此糾纏，並提出理論預言電磁波的存在。**知道這件事的赫茲，便確信自己發現的電**

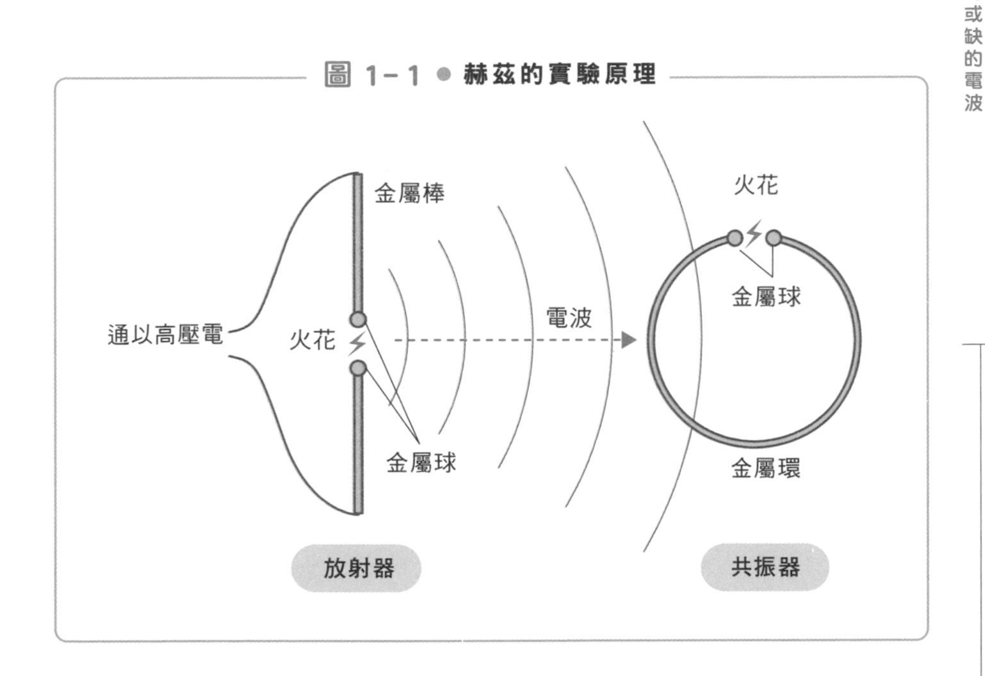

波就是馬克士威的理論中所預言的電磁波。我們常說的電波，其實就是一種電磁波。

不過赫茲卻沒能想到自己發現的電波有什麼實用價值。在他發表電波的發現時，有人問他：「這個發現在未來會有什麼應用呢？」他回答：「大概沒什麼實用價值吧。這實驗只是單純證明了馬克士威的理論正確而已。」要是赫茲知道現在電波已被廣泛應用在各個領域，一定會大吃一驚吧。

赫茲在發現電波的六年後，也就是1894年時便去世了，當時的他年僅37歲。不過他的名字被當作頻率的單位「**赫茲（Hz）**」（參考第16頁）留了下來。

電波的頻率

——1 秒內有幾個波峰呢？

電波如同其名所示，就是由電所產生的波。英文為「radio wave」，其中就包含了「波（wave）」這個字。而這裡的電波正確來說是一種**電磁波**，是電力與磁力糾纏在一起時所產生的波。不過這裡就讓我們將它視為一種單純的波來討論吧。

波有許多不同的形狀，不過最基本的波形是圖 1-2 所畫出的形狀，波峰與波谷交替出現，看起來很平滑的樣子。這又稱為「sin 波（正弦波）」或「cosine 波（餘弦波）」。各位在高中時應該在數學課上學過三角函數中的正弦函數（sin）和餘弦函數（cos）吧。那時學的正弦函數（或餘弦函數）的形狀就像圖 1-2 中的波一樣。這種波可以叫做「sin 波」，也可以叫做「cosine 波」，本書則統一稱為「sin 波」。

由海上的波浪也可以看出，波並不是在一個地方靜止不動，而是一直在改變位置。如圖 1-3（a）所示，這裡的波會以一定的速度由左往右前進。若我們在 A － A' 處立一根棒子，就可以觀察到隨著波的前進，棒子的水面高度也會隨著時間起起伏伏。當波峰經過時，棒子的水面最高；當波谷經過時，棒子的水面最低。若將不同時間點時棒子的水面高度變化畫成圖，就可以得到如圖

圖1-2● 最基本的波形（sin波）

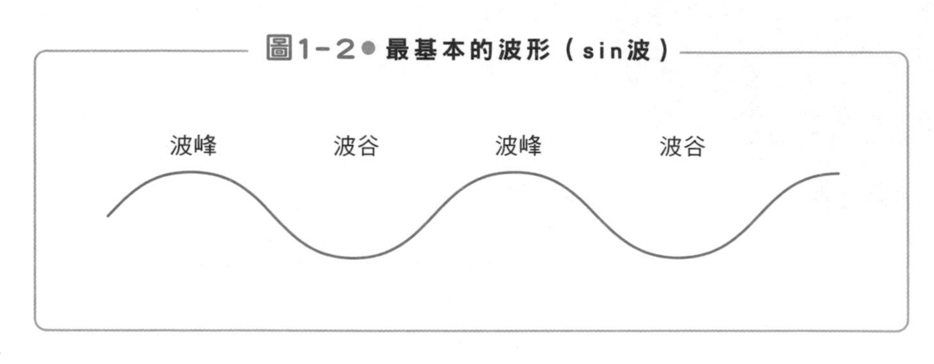

圖1-3● 波的運動

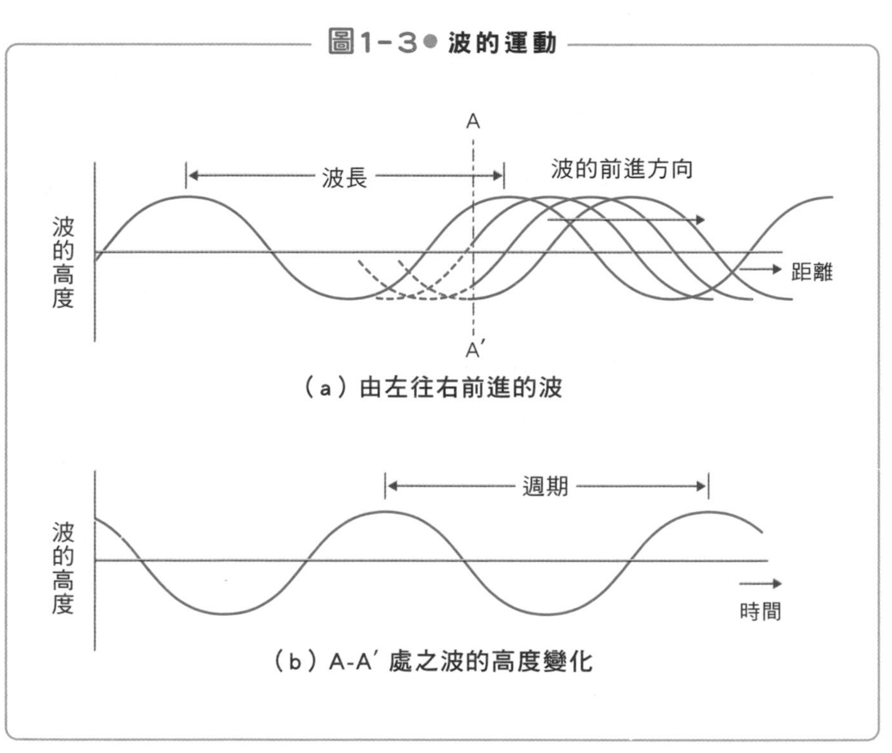

（a）由左往右前進的波

（b）A-A′ 處之波的高度變化

（b）般的sin波形狀。這裡我們是用海上的波浪當作例子，但其實電波也是一樣的。

在圖1-3的（a）圖中，sin波之波峰與波峰的間距（長度）稱為「波長」；而在（b）圖中，sin波之波峰與波峰的間距（時間）

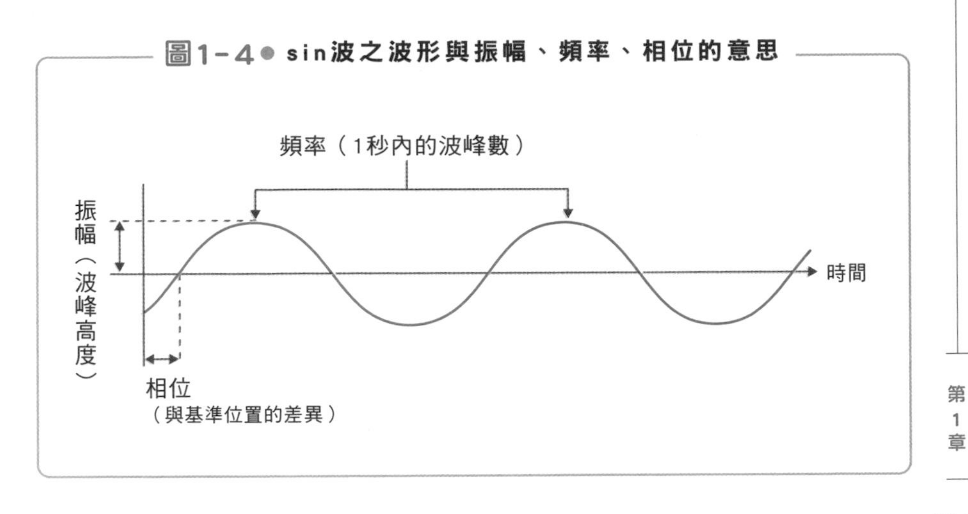

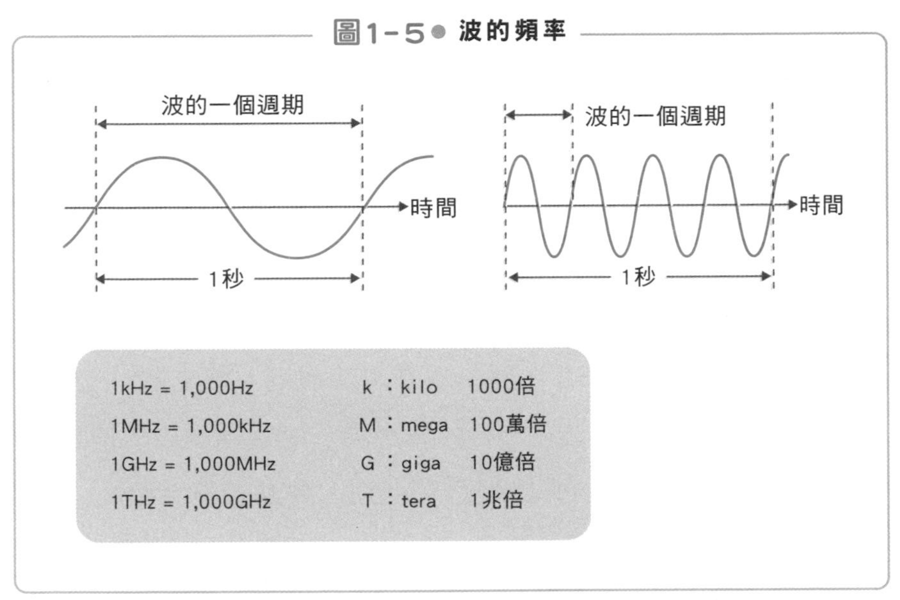

1kHz = 1,000Hz	k ：kilo	1000倍
1MHz = 1,000kHz	M ：mega	100萬倍
1GHz = 1,000MHz	G ：giga	10億倍
1THz = 1,000GHz	T ：tera	1兆倍

稱為「週期」。要注意的是，圖中的（a）與（b）雖然都是sin波，但（a）的橫軸是距離，（b）的橫軸是時間。我們常用sin波來表示電波，但看圖時須注意這個波的橫軸是什麼才行。

如圖1-4所示，欲決定一個sin波的形狀，需要「**頻率**」、「**振**

圖1-6● 波的頻率與波長的關係

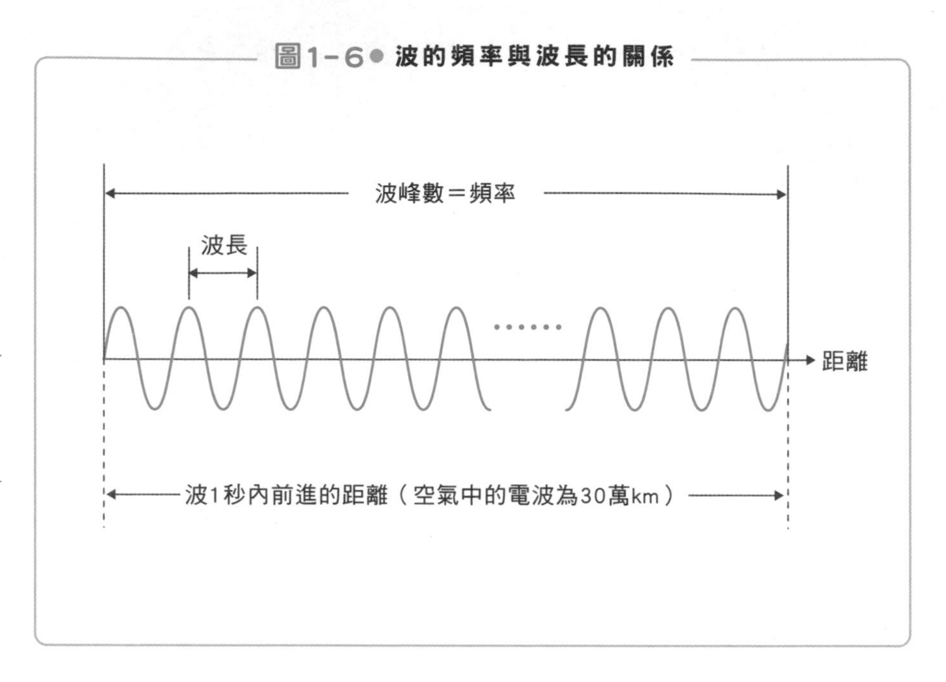

幅」、「**相位**」等三個元素。其中，最能表現出一個電波之特徵的要素，就是頻率。

「頻率」指的是sin波在一秒內會出現多少個波峰。說得更精確一點，就是波在一秒內共出現多少次週期，單位為「**Hz（赫茲）**」。圖1-5左側的波在一秒內僅出現一次週期，故其頻率為1 Hz。右側的波在一秒內共出現四次週期，故其頻率為4Hz。這個頻率的數字經常是幾千、幾萬、幾百萬、幾億……等位數很大的數字，故在圖1-5的下方我們列出了幾個較常見的簡寫方式，包括kHz（千赫茲）、MHz（百萬赫茲）、GHz（十億赫茲）、THz（兆赫茲）等，每三位數換一個單位。

「**波長**」是另一個與頻率概念相對，而且也很常用到的單位。電波在空氣中1秒可前進30萬km，這段距離內的波峰數就相當於頻率；而圖1-3（a）也有提到，波峰與波峰的間隔（距離）就是「波長」（圖1-6）。因此波長與頻率互成反比，可以用公式「**波長＝電波的傳送速度（30萬km／秒）÷頻率**」計算出來。因此頻率愈高的波，波長就愈短。

再來我們會用「振幅」來表示波峰的高度。在電波的例子中，可以想成是電壓。振幅愈大，電波就愈強。

第三個是「相位」，用來表示波與基準波之差異的單位。以電波來說，還會以相位來表示時間的差異。我們會將一個波的週期劃為360度，並以相位來表示一個波與基準波相差幾度。這裡的相位概念不太好懂，讓我們用圖1-7來說明吧。

相位主要用來表示兩個（以上）頻率相同之波的差異。圖1-7（a）中，波1、波2、波3這三個sin波的波峰、波谷、波與橫軸之交點的時間點皆相同。因此這三個波可以說是「相位一致」或「同相位」的波。而在圖（b）中，比較三個sin波與橫軸之交點位置，並以波1當作基準（相位為0度），便可以得到波2的相位是120度、波3的相位是240度。也就是說，雖然這三個波的頻率與振幅皆相同，但相位卻兩兩相差了120度。

圖1-7● 波的相位

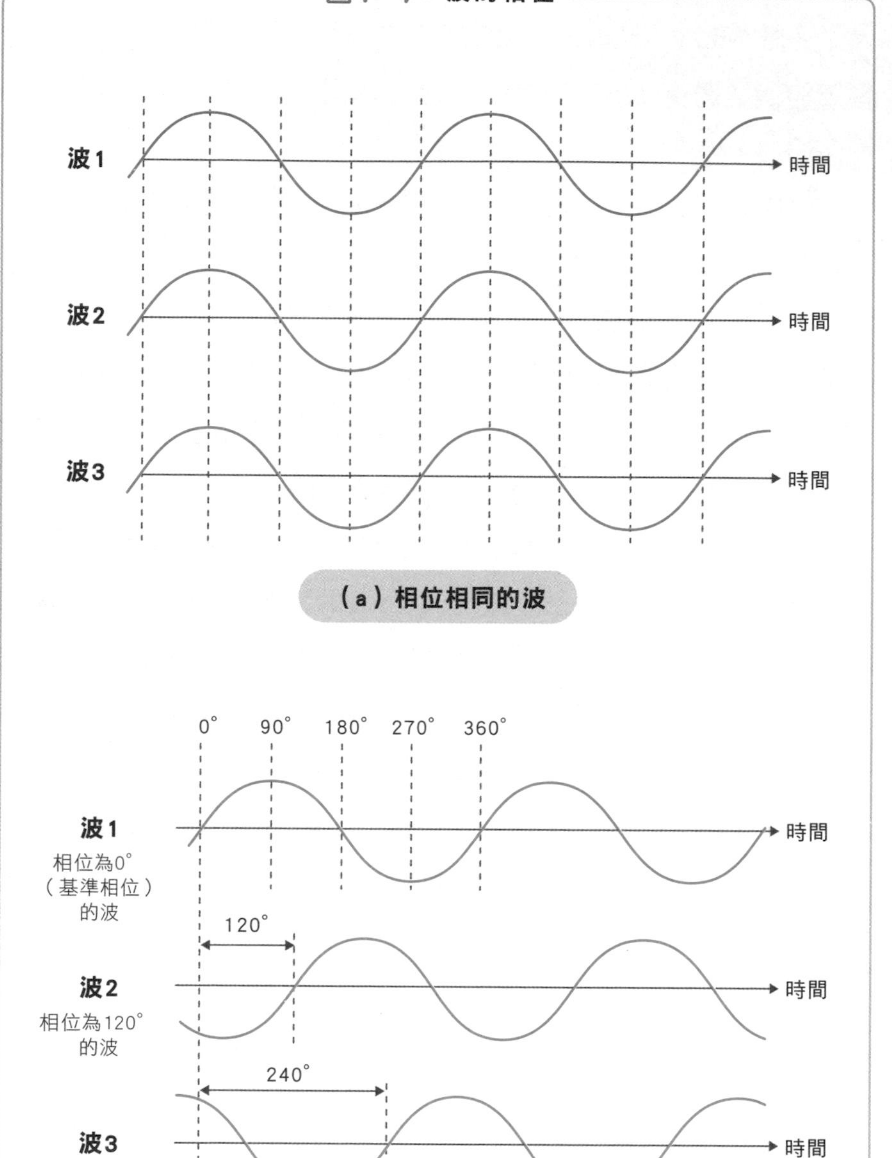
波1
時間
波2
時間
波3
時間
（a）相位相同的波
0°
90°
180°
270°
360°
波1
相位為0°
（基準相位）
的波
時間
120°
波2
相位為120°
的波
時間
240°
波3
相位為240°
的波
時間
（b）彼此相位不同的波

再複雜的波也可視為sin波的組合

——瞭解電波的性質

目前為止我們說明的都是單一個sin波，但實際上我們所使用的電波卻沒有那麼漂亮，有些波的形狀尖銳、有些是四角形、有些形狀破碎，什麼形狀的波都有。不只是電波，在銅線之類的導體內流動的電流訊號也一樣有各種形狀。不過不管是形狀多複雜的波，我們都可以用傅立葉級數這個數學工具，將其分解成許多sin波的組合。

圖1-8就是其中一個例子。

圖（a）與剛才看到帶有弧度的sin波相反，是一個方方正正的「**方形波**」。方形波在電腦或數位通訊中，常用來表示數位訊號。而圖（b）中，列出了與方形波的週期相同的sin波，並以此作為基本波①；以及頻率為基本波的3倍、振幅為1/3的sin波②；頻率為5倍、振幅為1/5的sin波③；頻率為7倍、振幅為1/7的sin波④。這四種波加總起來以後，便可以得到圖（c）實線所標示的波形。這種波的形狀雖然不完全等於方形波，但和單獨的sin波相比，已經相當接近方形波的樣子了。若再加上更多高頻率的波，合成出來的波就會愈接近方形波。由此可知，即使帶有弧度的sin

圖 1-8●再複雜的波形也都是由許多 sin 波組合而成

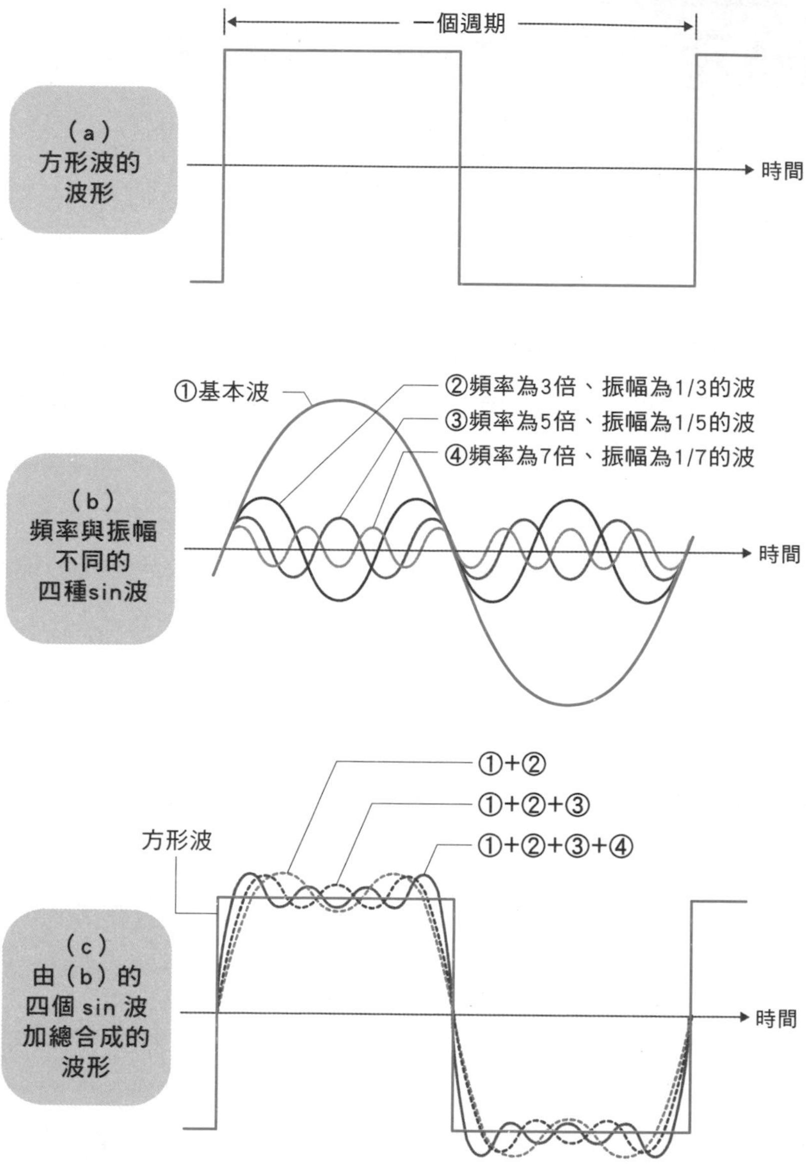

波與方方正正的方形波外型完全不同，我們卻可以用多個sin波組合出一個方形波。

若將聲音與影像轉變成電訊號，會得到更複雜的波形，不過不管再怎麼複雜，都是由許多sin波組合而成的波。波形有愈多尖角、愈銳利、愈多細節變化，就表示含有頻率愈高的sin波。**我們可以用「頻寬」來表示一個波包含哪些頻率（從幾Hz到幾Hz）的sin波**，我們將在第44頁詳細說明這個名詞。

將各種訊號轉換成電波發送出去時也一樣。所以說，不管電波的波形長什麼樣子，只要研究某個頻率的sin波性質，就可以瞭解到該電波有哪些性質。其中，電波的傳遞方式就幾乎由電波的頻率決定。

電波的各種傳播方式

——直線前進、繞射、反射、折射

一般都認為電波為直線前進，但由於電波有波的性質，故當電波接觸到各式各樣的物質或物體時，就會出現各種複雜的傳播方式。以下讓我們來介紹一些電波的性質。

①電波為直線前進

電波在同樣的介質內會直線前進。若途中的障礙物大小比波長還要小的話，電波就會穿過障礙物繼續前進；不過當障礙物的大小比波長還要大時，電波就會被障礙物阻擋下來。

假設我們在前進中的車內聽收音機，當車子進入建築物的陰影下時，如果聽的是FM廣播，常會發生電波變弱甚至中斷而聽不到的情形，不過如果聽的是AM廣播，就不太會發生這種狀況。這是因為FM廣播（頻率為76MHz ～ 90MHz，波長為4m ～ 3.3m）的波長比AM廣播（頻率為526.5kHz ～ 1606.5kHz，波長為570m ～ 187m）還要短的關係。當電波打到寬10m左右的建築物時，由於FM廣播的電波波長比建築物寬度還要短，故無法穿過建築物；而AM廣播的電波波長遠比建築物寬度還要長，故可穿過建築物繼續前進。在郊外或山的另一側很難接收到FM廣播也是同樣的原因。所以在有許多障礙物的地方，頻率較低（波長較長）的電波可以傳得比較遠。

17 世紀的荷蘭物理學家惠更斯以「**惠更斯原理**」說明了電波的傳遞方式。

在某個時間點時，波的波峰或波谷等相同相位的點所連接而成的面，稱為「**波面**」。圖 1-9 中，電波是由稱為「波源」的點開始360 度往外發射，並直線前進，故波面會以波源為中心呈現同心圓狀。像這種同心圓狀的波就稱為「**球面波**」。離波源愈遠的電波，在小範圍內看起來就像是平行前進一樣，或者說波面為一條條直線，且與電波的前進方向垂直。這種波又叫做「**平面波**」（圖 1-10）。

如圖 1-10 所示，惠更斯將某個時間點時的波面 1 上各點當作

圖 1-9 ● 電波的波面

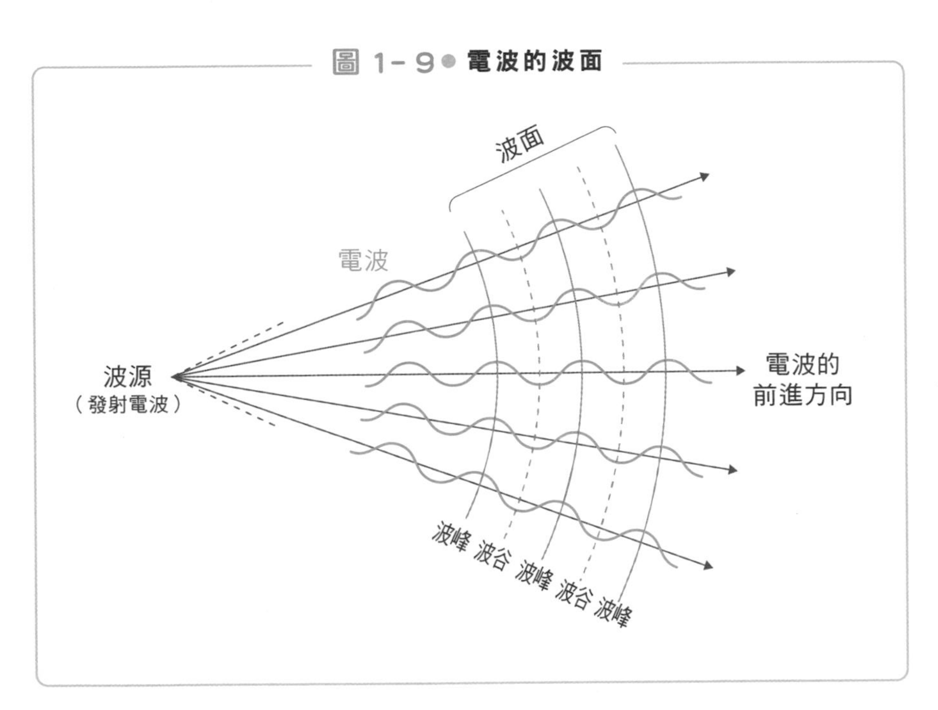

（假想的）新波源，發射出電波，如虛線所示會產生新的波面。由這些虛線所形成的波面包絡線，就是波面2。同樣的，波面2上的各點（假想的波源）還可以再形成下一個波面3。故我們可以將這一連串的波面想像成正在前進的波面。這就是惠更斯原理。

②電波會繞射

像電波之類的波，能夠繞到物體的陰影部分，這種現象稱為「**繞射**」。在前一個例子中，我們提到若有建築物遮蔽，由於波長較短的電波會被遮蔽，FM廣播的訊號會變得很弱，但事實上我們通常還是能夠收聽到FM廣播。這是因為電波有繞射現象，使其多少能夠繞到被遮蔽處。

我們可以用惠更斯原理來說明這個現象，如圖1-11。當平面波由左往右前進，碰到障礙物時，波面上的點可以看成是球面波

圖 1-10● 惠更斯原理

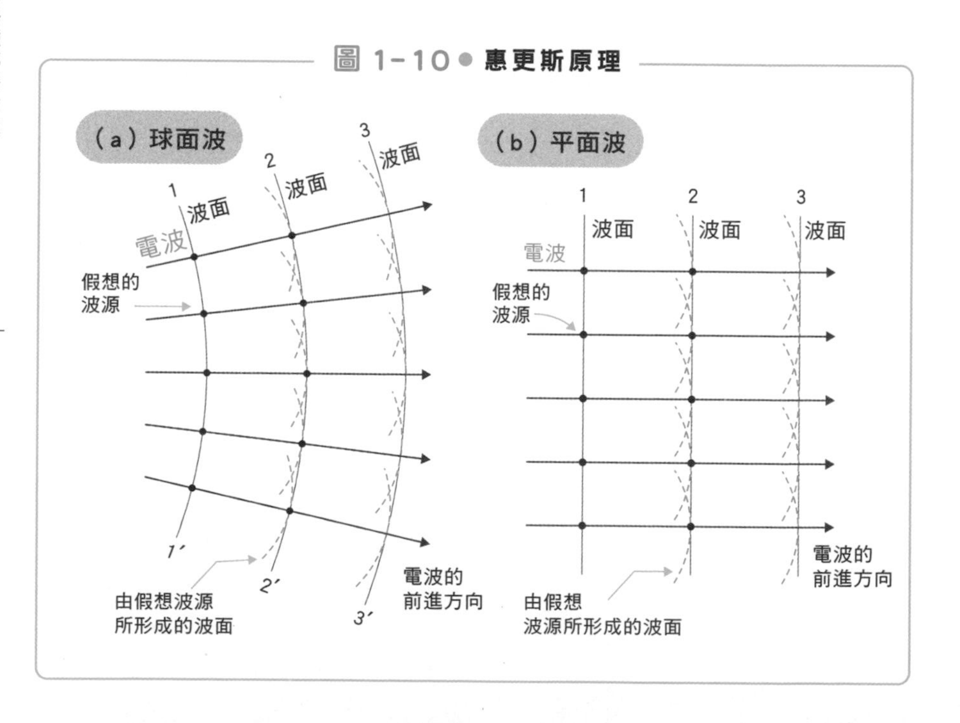

的假想波源，當球面波往外擴張時，就可以繞到障礙物的背面。而繞到障礙物背面的波面，又可以當成新的假想波源，產生新的球面波，在障礙物的背面繼續擴張。電波的繞射就是這樣產生的，這也稱為「**繞射波**」。不過電波頻率愈高時，繞射程度就愈小。

如圖 1-12 所示，某些原本會被山遮蔽，而使電波無法抵達的地點，在繞射作用下也可順利傳達。這又叫做「**山岳繞射**」。從頻率為數十 MHz 到數 GHz 之高頻率電波的山岳繞射最為顯著，而且有些時候還可能得到比一般電波強度更強的電波。以頻率較高的電波來廣播電視訊號時，常會被高山遮住而無法抵達被群山包圍的地區。不過在某些特定的地區內，卻可以收到從山的另一側之基地台所發射出來的訊號，故山岳繞射可以讓電波傳到非常遠的地方。

圖 1-11●電波的繞射

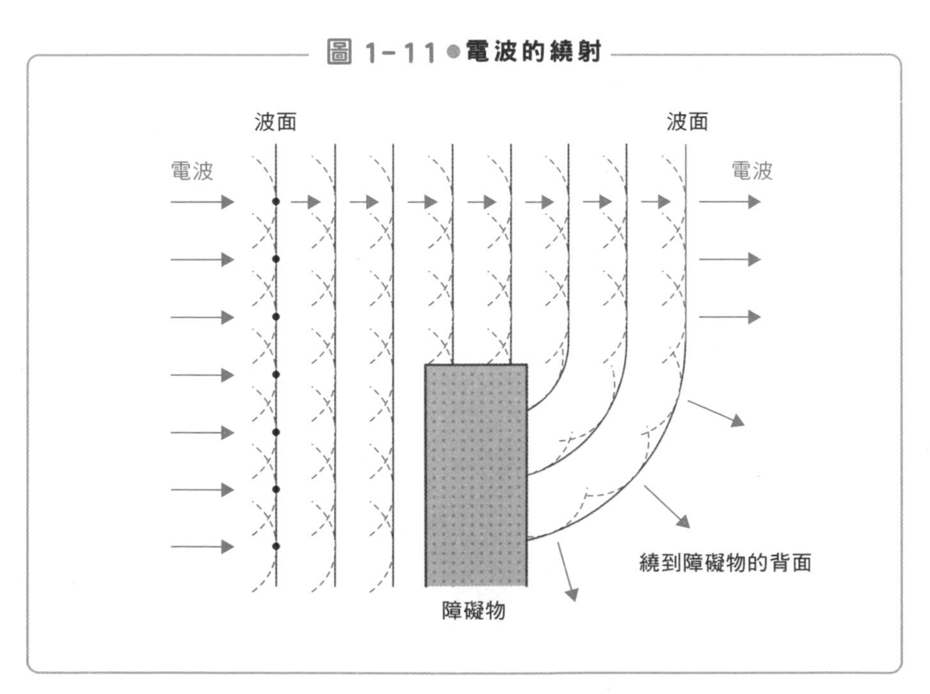

若是能善加利用這種山岳繞射，就可以將電波傳到原本無法直接抵達的地方，進行遠距離通訊（又稱為「超視距通訊」）。1954 年奄美大島群島從美軍底下回歸到日本時，開始設置該島與日本本土間的通訊設施。鹿兒島到奄美大島之間距離340km，是一般電波無法直接抵達的距離，卻能透過山岳繞射的方式，實現超視距通訊（1961 年開通），當時使用了兩者間的中之島上標高930m的山峰進行山岳繞射。而在1964 年時，則利用德之島上標高600m的山峰進行山岳繞射，開通了奄美大島與沖繩間215km的超視距通訊。當時還沒有適合的通訊網路可以連接離島，故利用電波的繞射實現超視距通訊，是一種相當有效的方法。

③電波會反射

當電波碰到可導電的金屬板時會**反射**。由於大地也可以導電，故也會反射電波。海、湖、河流等也同樣會反射電波。

如圖1-13所示，當電波（平面波）碰到金屬等反射體時會

圖 1-12 ● 藉由山峰進行電波繞射

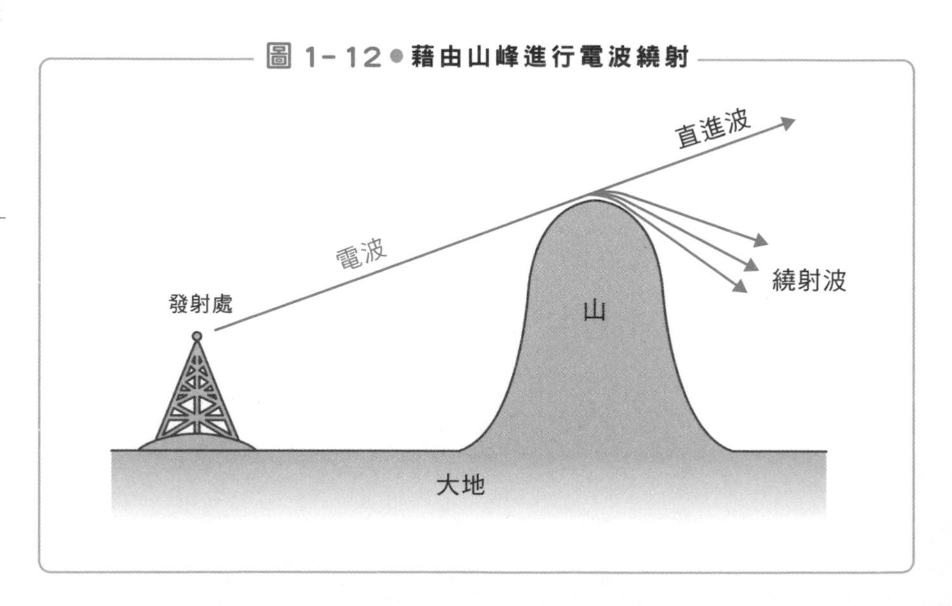

反射出反射波，而反射角與入射角的角度相同。此時，A-A′、B-B′-B″、C-C′的長度皆相等，故反射波也是平面波。

若電波經過建築物的外牆或地面反射後才被接收，就會比直接從發訊天線送達的電波還要延遲一些，這就是兩個（以上）的電波發生**干涉**（參考下一節）這個現象的原因。

④電波會折射

我們都知道，當光從空氣進入水中或進入玻璃中時，交界處會發生**折射**現象。這是因為空氣、水、玻璃的折射率皆不相同，才會發生折射。同樣的，電波也有折射現象。

如圖1-14（a）所示，當電波從介質1移動到折射率不同的介質2時，如果是沿著A→A′→A″這種與交界面垂直的方向前進，電波就會保持同樣的方向；如果是沿著B→B′→B″這種路線，斜斜地進入另一個介質，就會產生折射現象，使前進方向改變。當電波從介質2移動到介質1時也一樣，會沿著同樣的路線A″→A′→A

圖 1-13 ● 電波的反射

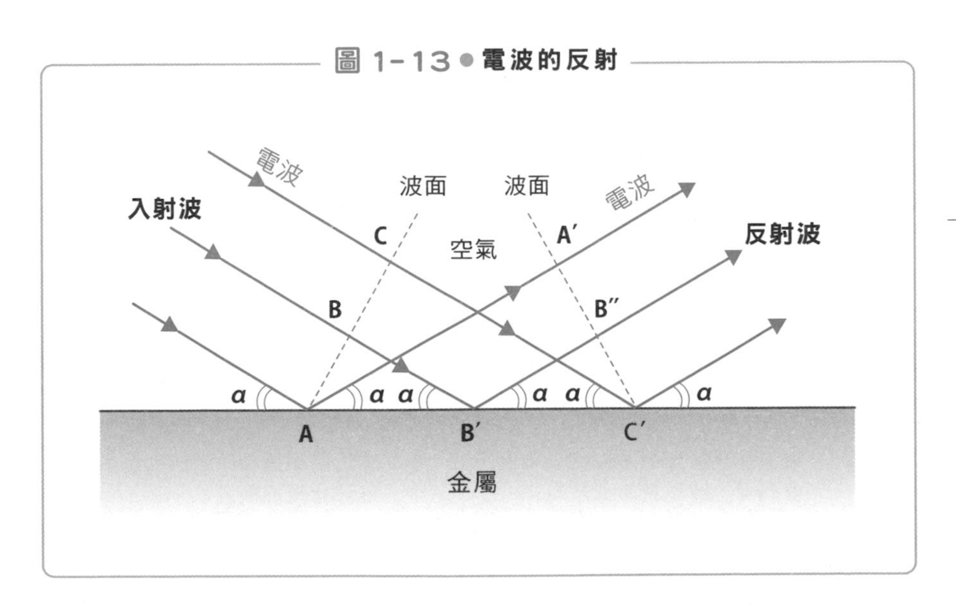

和B″→B′→B逆向前進。這個折射現象的原理會在第199頁的「光的折射」一節中詳細介紹。

電波主要是在大氣內傳遞，然而大氣的性質並非各處皆同。隨著氣溫、氣壓、濕度等氣象條件的不同，電波的折射率也會有所差異。此外如圖1-14（b）所示，愈往海拔較高的地方空氣愈稀薄，故空氣的折射率愈低，電波斜向上發射時，會偏離原來的方向，朝下方（地面方向）彎曲前進。

接著來思考看看以下這個問題吧。

我們可以用電波雷達（參考第57頁）偵測到遠方被水平面擋住而看不到的船嗎？

乍看之下，因為地球是圓的，故直線前進的電波應該無法抵達遠方被水平面擋住的船才對。但因為電波會在天空中折射彎曲，

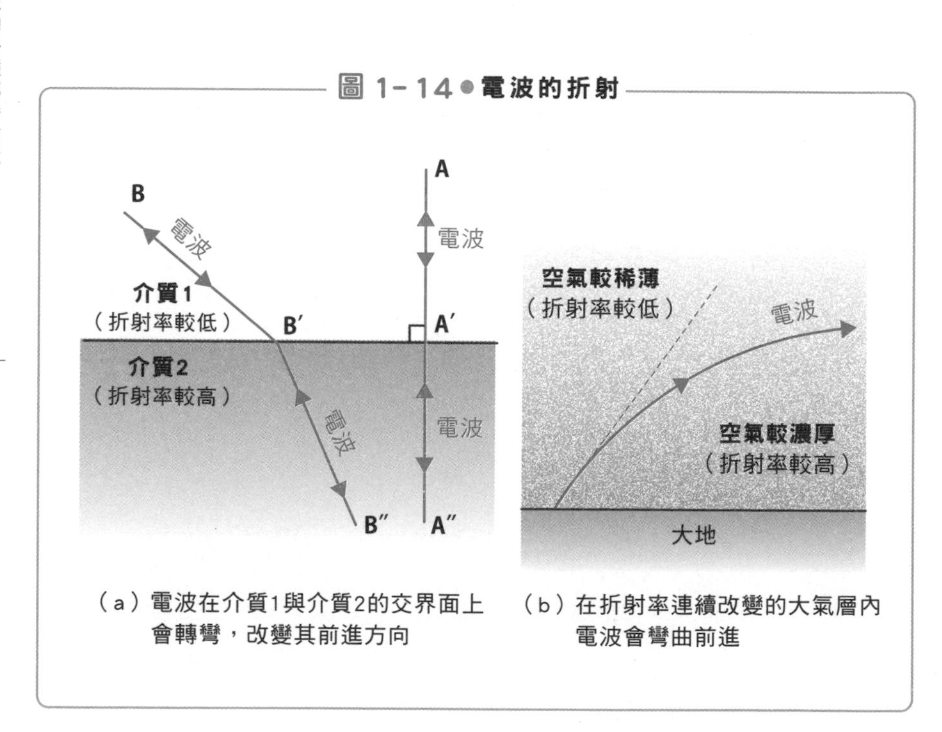

圖1-14●電波的折射

（a）電波在介質1與介質2的交界面上會轉彎，改變其前進方向

（b）在折射率連續改變的大氣層內電波會彎曲前進

前進到很遠的地方，如圖1-15所示，電波可抵達的距離，比直線看得到的距離還要再遠15%左右（示意圖畫得比較誇張一些）。因此，位於水平面後方的船，只要在這個距離範圍內，仍然可以被電波偵測到。

發送電視訊號時，會從很高的電視塔發射電波，盡可能將訊號傳送到很遠的地方。同樣的，由於電波傳送時會朝著地面方向彎曲，故可抵達比直線看得到的距離還要再遠一些的地方。

圖 1-15●藉由大氣的折射使電波抵達更遠的地方

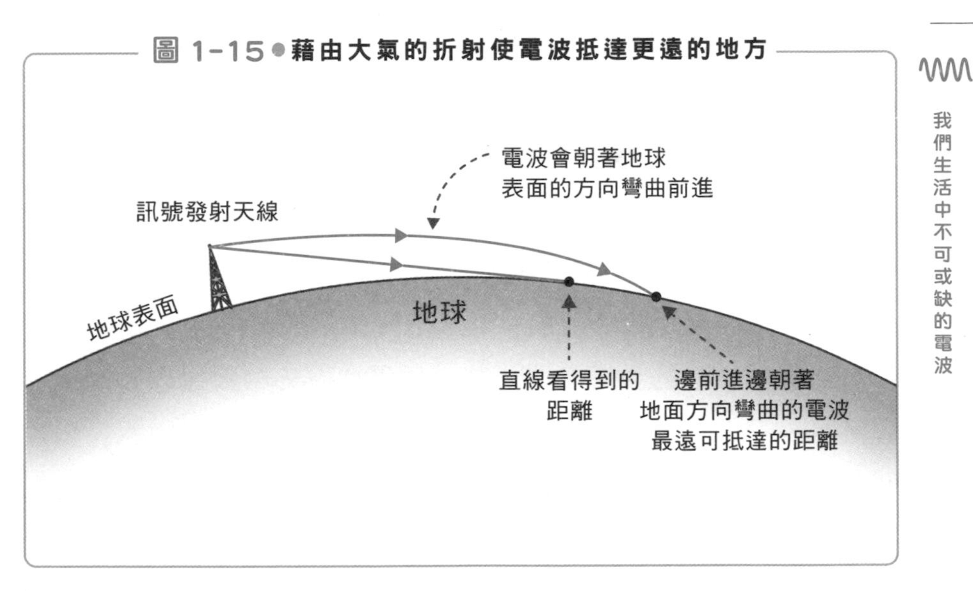

電波的干涉

——同相會增強、反相會減弱

「**干涉**」現象是波的一個重要性質。所謂的干涉，指的是兩個（以上的）波重疊在一起時，波的強度變更強或變更弱的現象。當然，電波也會出現干涉現象。

如圖1-16（a）所示，假設有兩個振幅與波長相同的電波，令其波峰與波峰重疊、波谷與波谷重疊（相位相同），便可得到波峰為原電波的2倍高，強度更強的電波。再來看圖（b），若將兩個波的相位錯開一些再重疊（本例中的相位差為90度），波峰高度會比同相位時的合成波弱一些，卻仍比原先的波還要高。接著是圖（c），若將一個波的波峰與另一個波的波谷重疊（相位差為180度），就會使波完全消失。而圖（d）則可看出，若兩個波的波峰高度有所差異，那麼即使將一個波的波峰與另一個波的波谷重疊，波也不會完全消失，而是得到波峰比原先還要矮的波。

由此可知，在各種不同的條件下，電波的干涉現象可產生出各種不同強度的波。

如圖1-17所示，讓我們想像一下有兩個相同波長的電波從不同方向抵達，接收時重疊在一起。這張圖便說明了人們使用手機時，為什麼會產生電波干涉。手機所接收到的電波，包括了由基

圖 1-16 ● 兩個電波的干涉

波峰 波谷 波峰 波谷 波峰 波谷

電波1 1

+

電波2 1

電波1 + 電波2 2

（a）若電波1與電波2的振幅與相位相同，將兩個波重疊時，波峰會與波峰重疊、波谷會與波谷重疊，可得到振幅為原波2倍的波。

波峰 波谷 波峰 波谷 波峰 波谷

電波1 1

90°

+

電波2 1

電波1 + 電波2 1.4

（b）若電波1與電波2的振幅相同，相位相差90°，將兩個波重疊時，可得到振幅為原波1.4倍的波。

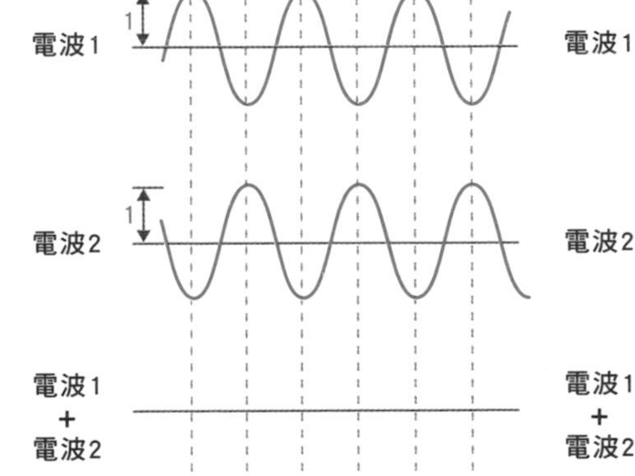

（c）若電波1與電波2的振幅相同，相位相差180°，將兩個波重疊時，波峰會和波谷重疊而互相抵消，故波會消失。

電波1 1

電波2 0.5

電波1 + 電波2 0.5

（d）若電波2的振幅為電波1的1/2，相位相差180°時，將兩個波重疊後波峰會和波谷重疊，得到振幅為電波1的1/2倍的波。

圖 1-17●手機可接收到來自四面八方的電波

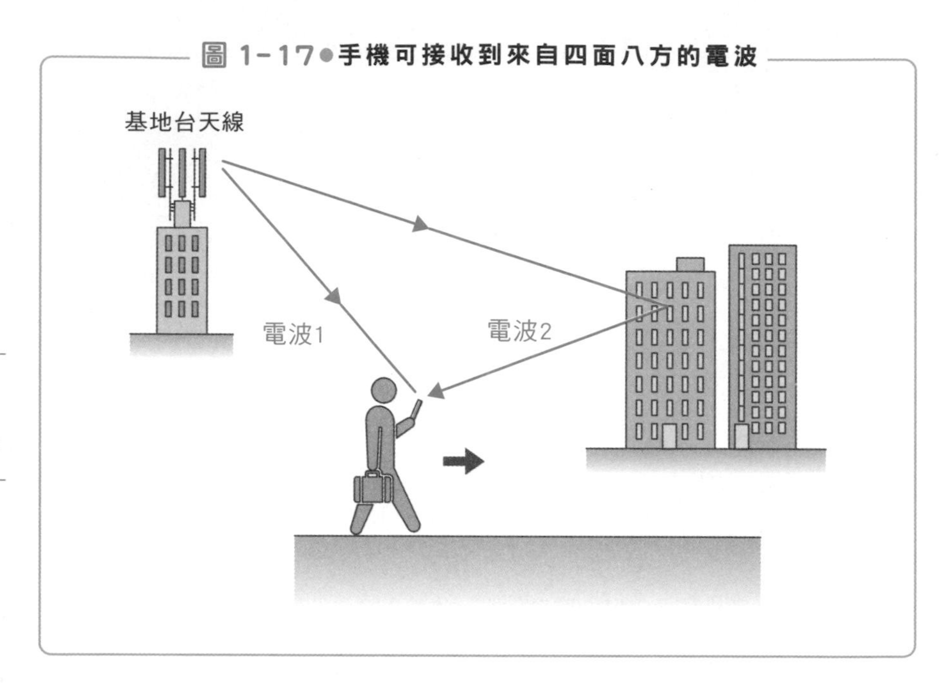

地台天線直線抵達的電波 1（**直射波**），以及先打到附近大樓的牆壁再反射抵達手機的電波 2（**反射波**）。在這個例子中，反射波的傳送距離比較長一些，故抵達手機的時間會比直射波還要晚一些。電波傳送距離的差異，也就是不同電波間的時間差異，會受到接收電波的地點影響。

圖 1-18 以電波的波面，說明電波 1 與電波 2 之間如何產生干涉現象。圖稍微複雜了一些，可能沒有那麼好懂。

電波 1 從圖的左上方往右下方前進，是標有箭頭的粗實線。而與這排粗實線垂直、交替出現的細實線和細虛線，則是電波 1 的波面。細實線代表波峰，細虛線代表波谷。這裡將電波視為平面波即可，故波面呈直線的樣子。同樣的，電波 2 從圖的右上方往左下

圖 1-18●兩個電波的干涉

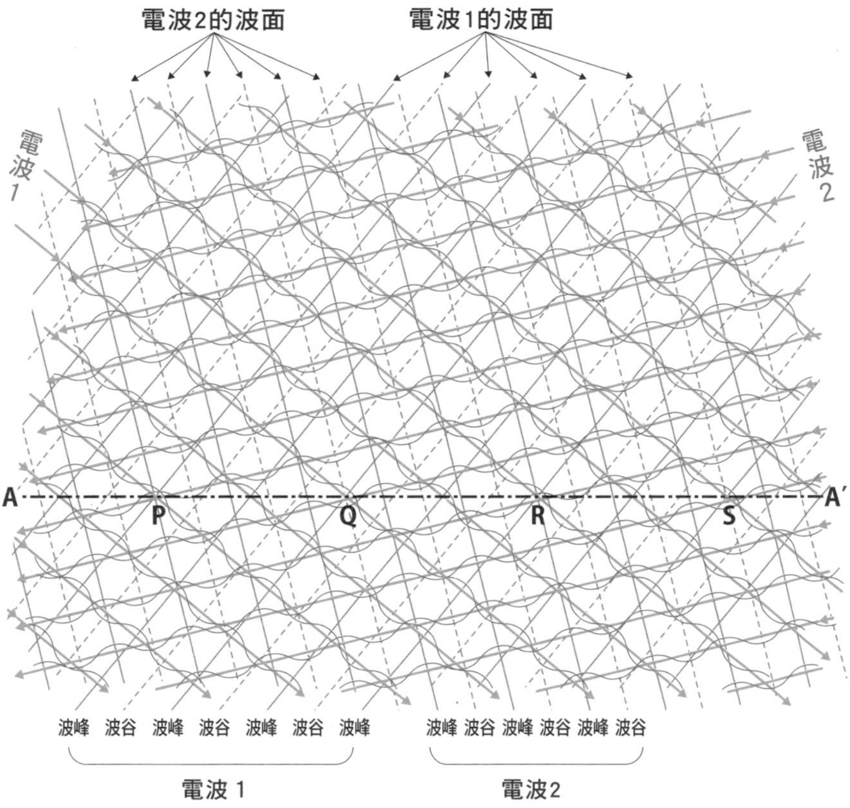

方前進，亦以粗實線標示，其波面則以與這排粗實線垂直、交替出現的細實線和細虛線表示。

當這兩個波產生干涉現象時，電波1 波面的波峰與電波2 波面的波峰重疊的地方，電波強度就會變得更強；相對的，電波1 的波峰（或波谷）與電波2 的波谷（或波峰）重疊的地方，電波就會彼此抵消而變弱。假設手機沿著線段A-A′由左而右移動，當它抵達P點時，由於該點為兩個電波的波峰重疊處，故電波收訊會變得更強；但當它來到Q點時，由於該點為電波1的波峰與電波2的波谷重疊處，故收訊會變弱。而在P點與Q點之間，則視這兩個電波波面的重疊情況（也就是相位差）而定，其電波強度會在P點與Q點的電波強度之間。由波面的重疊情況可以知道，若繼續前進到R點，在干涉的影響下，電波又會再度增強；繼續前進到S點，電波又會再度變弱。而在Q點與R點之間、R點與S點之間，其電波強度亦介於中間。

電波會朝著前進方向以一定速度直線前進，波面也一樣。故圖1-18中所畫出來的波面，只是表示某個時間點的波面位置而已。然而，兩個電波在一個點上的相位關係並不會改變，故P點上，兩個電波永遠相位相同，電波強度會增強；Q點上，兩個電波永遠相位相反，電波強度會減弱。其他地點也一樣。

所以說，當我們在講手機的時候到處移動，隨著地點的不同，收到的電波訊號也會時強時弱、交替變化。但這樣的話使用上就會很麻煩，故實際的系統中，會運用到其他技術來解決電波強度不一致的問題。

以頻率為電波分類

——分為通訊、電視廣播、雷達等用途

隨著頻率的不同，電波的傳送方式也不一樣。一般來說，頻率愈低的電波，愈可沿著圓弧形的地表傳送到遠方；但頻率愈高的電波，愈趨向直線前進，且容易被大氣中的水分等吸收、散射，而不容易抵達遠方。因此最早人們僅使用能抵達遠方的低頻率電波來通訊。

與此相較，高頻率電波則有傳輸資訊量較大的優點。可傳輸的資訊量大，才有辦法傳送比符號、文字更為複雜的訊號，例如電話或電台等的音樂、聲音訊號，以及電視等的影像訊號。

因此我們將電波的頻率每差十倍分為一個頻段，每個頻段的電波名稱如圖 1-19 所示，並配合不同的用途使用不同頻段的電波。

1）超長波（甚低頻，VLF：Very Low Frequency）、長波（低頻，LF：Low Frequency）

這種電波的波長很長，故可以跨越比較低的山峰，沿著地表傳送到遠方。不過，由於頻率的範圍很窄，故很難傳送聲音之類的資訊。標準電波可用來校正標準頻率與標準時間（40kHz、60kHz），以及作為指示飛機、船舶方向的信標電波（beacon）。一般而言，這種電波會被水吸收，沒辦法抵達很遠的地方，不過超長波的電波在水中可傳送至數十公尺遠，故可用在潛水艇間的通訊或海底探查上。

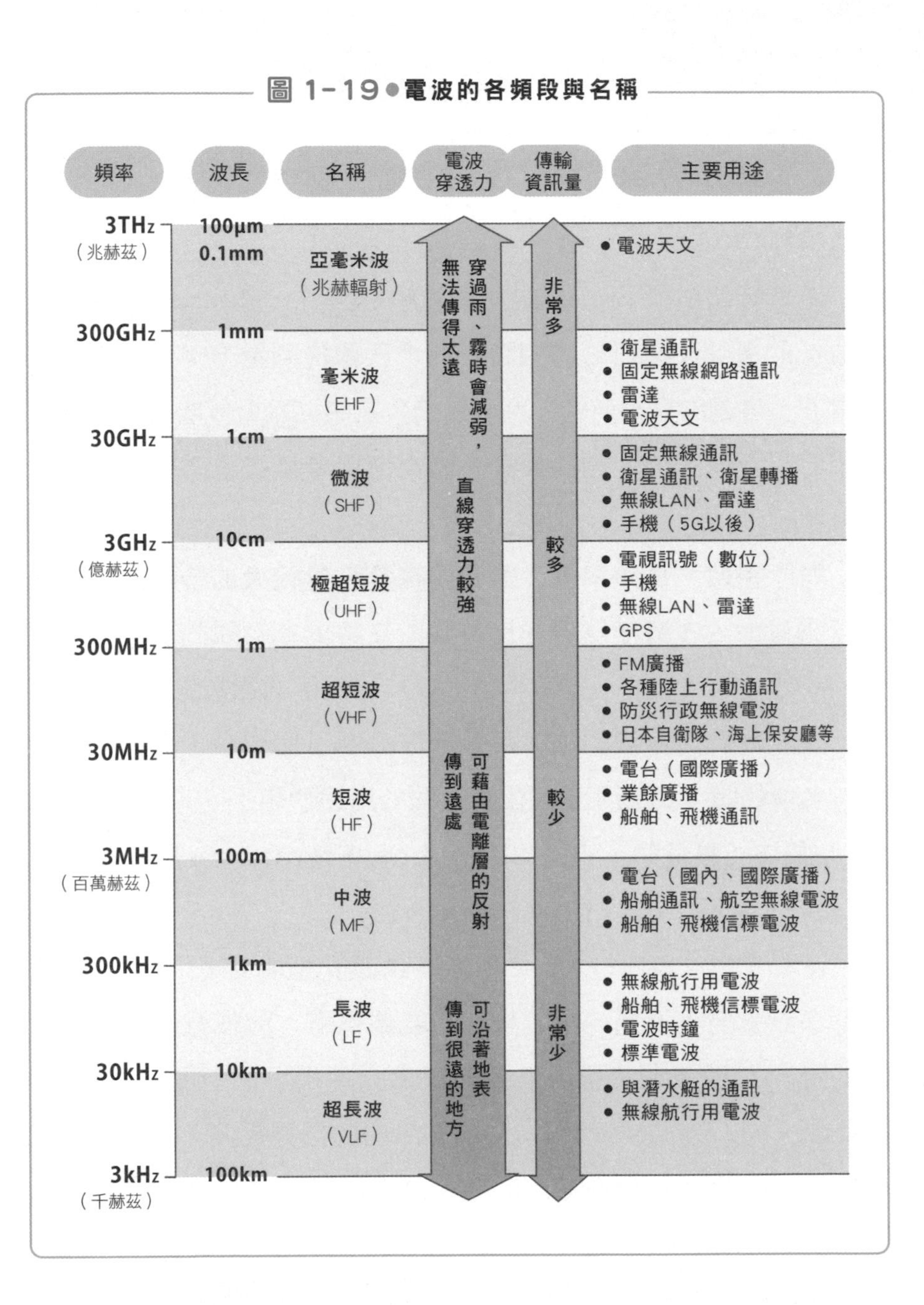

圖 1-19●電波的各頻段與名稱

2）中波（中頻，MF：Medium Frequency）

與地面上的山峰或建築物相比，中波的波長比較長，故前進時較不受障礙物的影響。而且晚上時可以被高空的電離層（參考第39頁）反射，抵達海外很遠的地方。因此能用在電台廣播（AM電台：526.5～1606.5kHz）、船舶的無線航行通訊、船舶間的通訊等地方。

3）短波（高頻，HF：High Frequency）

這個頻段的電波容易被高空的電離層反射回來，故電波可在電離層與地球表面來回反射，甚至可傳到地球的另一面（參考第42頁的圖1-22）。因為可以輕鬆做到長距離通訊，故可用在遠洋船舶通訊、國際飛機通訊、業餘無線電、供海外收聽的電台廣播等地方。但由於電離層的狀態時常改變，故有著訊號不太穩定、傳輸量低，只能用來傳送聲音等資訊的問題。

4）超短波（甚高頻，VHF：Very High Frequency）、
極超短波（特高頻，UHF：Ultra High Frequency）

當電波的頻率高到這個程度後會有較強的直線穿透力，雖然因為波長比建築物寬度還要短，前進時沒辦法跨過障礙物，但某種程度上卻可以繞到山峰或建築物的背面（繞射現象）。這種電波會直接穿過電離層而不會反射。和短波或其他頻率更低的電波相比，可利用的頻率範圍較廣，故VHF頻段可用在FM廣播，以及各式各樣的商業用行動通訊上，過去也曾用在類比電視的訊號發送上。UHF頻段除了用在數位電視地上波訊號的發送之外，由於UHF的近距離傳輸相當穩定，故也會用在手機等行動通訊（移動物體的通訊）上。

5）微波（超高頻，SHF：Super High Frequency）

像這種頻率愈高的電波，愈會有類似於光的直進性，也容易受到雨、霧的影響，沒辦法傳達到很遠的地方。另一方面，微波適合朝特定方向直線發射電波，故可用於兩地點間的固定通訊（微波通訊）。特別是微波頻段中，頻率相對較低的4GHz～6GHz電波不太會受到雨的影響，可以穩定地傳送到較遠的地方（50km左右），NTT（日本電信電話）便利用這種電波進行北海道到九州、沖繩的長距離無線通訊（當然，中間有設置電波的轉播站）。頻率大於10GHz的電波在雨的影響下衰弱得很快，故會用在短距離通訊或衛星通訊、衛星轉播等地方。如果電波發射自上空的衛星，由於電波通過大氣層的距離很短，故受到雨雲的影響較小。

除了通訊、廣播之外，由於微波能夠產生集中銳利的電波束，故可用在各種雷達上。

6）毫米波（極高頻，EHF：Extremely High Frequency）

頻率這麼高的電波在天氣糟糕的時候，會在雨、雲、霧的影響下快速衰弱，故除了在空中進行短距離通訊之外，幾乎沒有其他用途。最近也會用在100～200m左右的極近距離雷達上。

頻率比毫米波還要高的電波幾乎不會用在通訊上，不過在第132頁中提到的電波天文學中很常使用。

天空中有一層可反射電波的電離層

——業餘無線電玩家的功勞

無線電的發明者**馬可尼**，於1901年成功做到了從英國到加拿大，跨越大西洋的電波通訊（無線電通訊），一舉成名。但考慮到地球是球形，不禁讓人懷疑為什麼電波可以跨越大西洋，傳到3500km遠的地方。如圖1-20（a）所示，由於電波只會直線前進，故理論上，被地表遮住的收訊天線應該無法直接接收到電波才對。因此，當時有不少人懷疑這次跨越大西洋之電波通訊實驗的真實性。然而，電波確實可以從英國直接送達加拿大，故有些科學家提出一個假設，認為空中有一層可以反射電波的大氣，以說明這個現象，如圖（b）所示。

到了1925年，人們終於確認到這層可以反射電波的大氣，並證明當我們朝天空發射電波時，電波會被反射回來。而在測量發射電波到電波反射回來的時間後，確認電波的反射層應位於距離地表100km及300km的高空。

當這層空氣被來自太陽的高能輻射線（紫外線或X射線）照到時，空中的氮氣與氧氣等的電子會脫離原子或分子的束縛，成為可自由移動的狀態（離子化），故又名為電離層。這就是電波

圖 1-20●藉由電波進行跨越大西洋的通訊

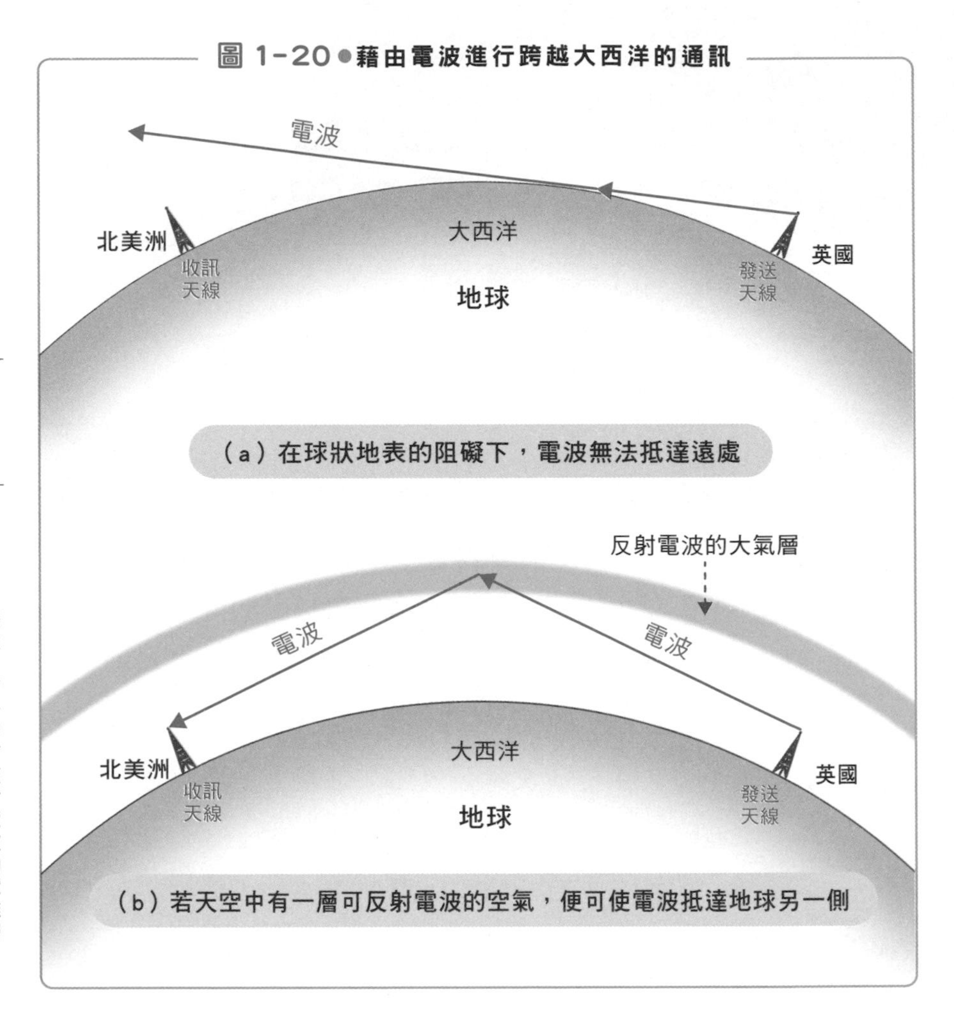

反射層的真面目。如圖1-21所示，由於電離層內有許多帶有靜電的離子與電子，故從地面射上來的電波進入電離層時會改變方向，再次回到地面。會被電離層反射的電波主要是中波及短波，超短波或頻率更高的電波會直接穿過電離層，不會反射回地面。特別是短波，在電離層與地表間來回反射幾次以後，甚至可以抵達地球的另一側（圖1-22）。由於電波有這樣的性質，且最能夠靈活

圖 1-21●電離層可反射電波

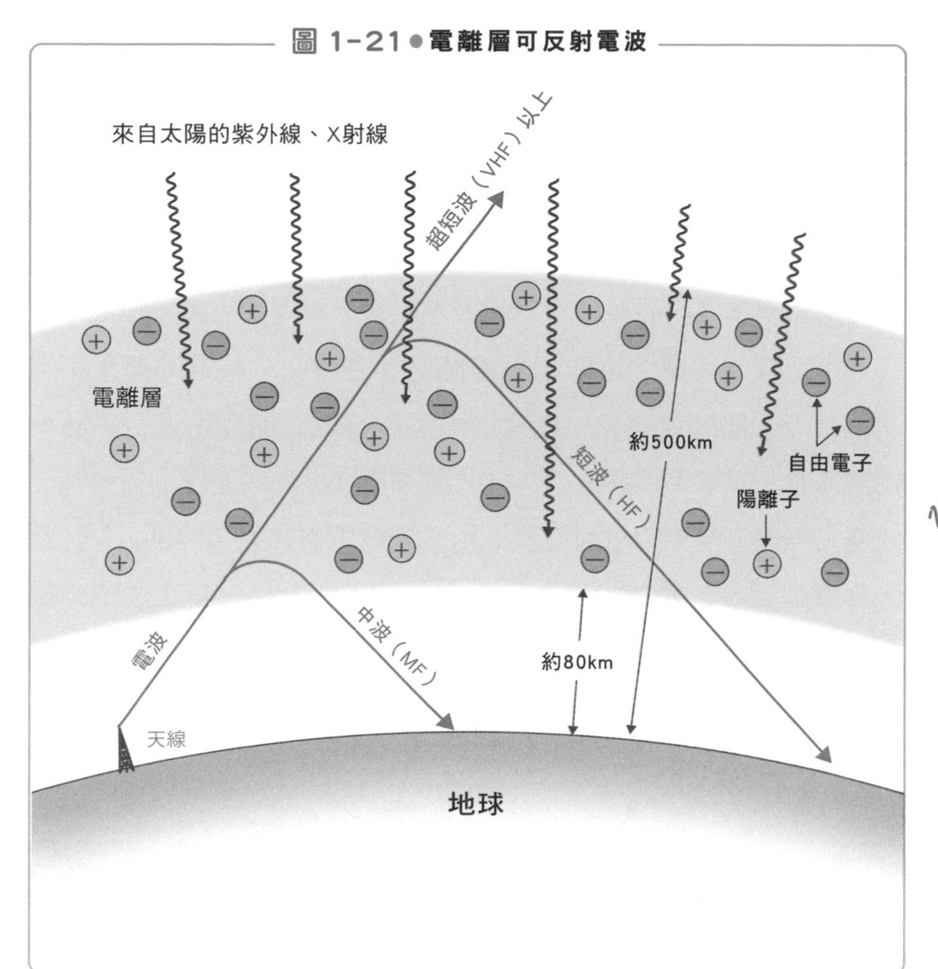

運用電離層的是短波，故我們可以藉由電離層所反射的電波，接收到海外短波電台的訊號。

藉由電離層的反射，拓展了短波頻段的應用範圍，這都是一位業餘無線電玩家的功勞。

在馬可尼的無線電實驗成功以後，電波在商業及軍事方面的用途迅速發展，然而在1920年代以前，全世界的商用、軍用無線電台皆以長中波的頻段為主，在這個區間的電波變得相當擁擠，使得美國的業餘無線電玩家只能使用當時被認為沒什麼利用價值的短波。直到1923 年底到1924 年，業餘無線電玩家在很小的電力供應下，成功達成跨大西洋通訊，證明在很小的電力供應下，也可以用短波達成遠距離通訊。拜這個業餘無線電玩家的發現之賜，使得跨大西洋通訊的領域中，無線通訊得以與海底電纜一較高下。

由於來自太陽之高能輻射線隨時都在變化，故電離層反射電波的情況也隨時在改變，換言之，利用電離層的反射進行通訊的短波通訊，得看太陽的臉色。在收聽來自海外的短波廣播電台時，常會出現聲音時大時小的情況，這又叫做電波衰弱（Fading），是因為電離層反射電波的程度不穩定所導致。另外，當太陽的活動

圖 1-22 ● 電波在電離層與地表間來回反射，可抵達地球的另一側

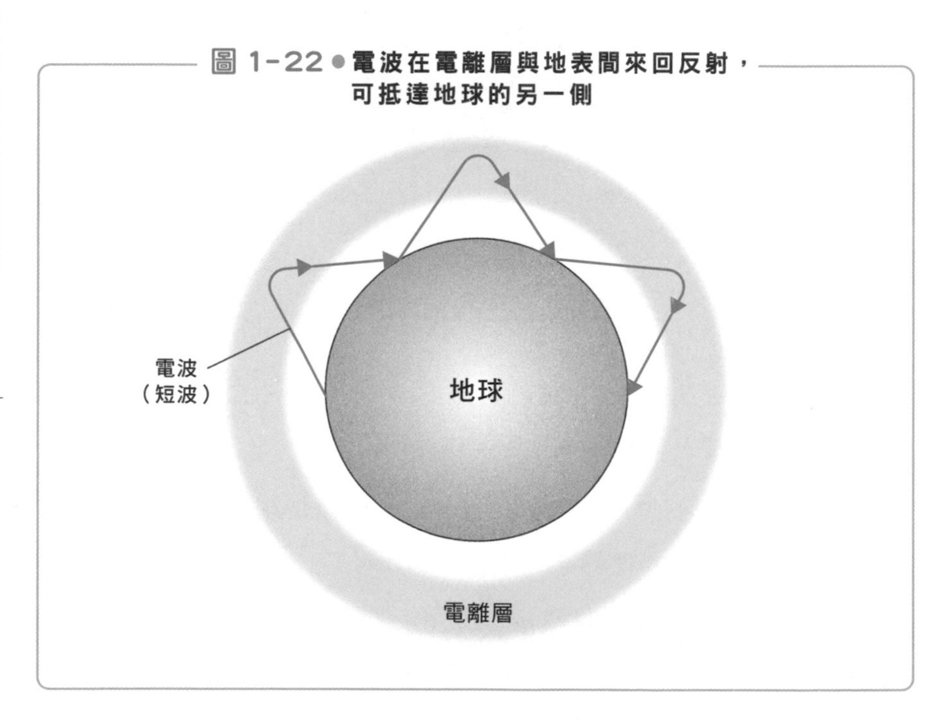

變得很活潑時，會產生大量巨大閃焰，並放射出強烈的X射線和宇宙射線。這會對電離層造成強烈刺激，使其吸收短波電波，進而阻絕短波通訊。這又稱為**戴令階效應**，一般來說大約持續30 分鐘或幾個小時就會恢復原狀，但有時候甚至可持續兩到三天。

雖然依賴電離層反射的短波通訊相當不穩定，但在跨越大洋的海底電纜與衛星通訊普及以前，國際通訊仍必須仰賴短波。日本在1960 年代前半以前，若要跨越太平洋與美國或其他國家通國際電話，就是利用短波通訊。在1964 年的東京奧運以前，奧運轉播仍需要靠使用短波的廣播電台，人們不得不在深夜時，忍受著電波衰弱所造成的干擾，豎起耳朵仔細聽廣播內容。直到1964 年實現衛星通訊時，人們才終於擺脫了這種煩惱。

1-8 頻率的寬度是什麼？

——頻寬愈廣品質愈好

我們所看到的電波應用，大多都是將各種資訊轉成訊號，發送至遠處。舉例來說，廣播電台可發送聲音、音樂訊號；電視台可將影像訊號轉換成電波發射出去；手機則可將聲音（電話）或文字、影像（經由網路）等訊號發送出去。

這些訊號的波形相當複雜，圖1-23即為一個聲音訊號的波形。不只是聲音，由其他資訊的訊號所轉換成的電波波形也同樣如此複雜。不過，就像我們在第20頁中所提到的，再怎麼複雜的波形，都可以分解成許多sin波的組合。換言之，這種波形複雜的電波中包含了許多頻率不同的電波。

在通訊與廣播時，若將包含那麼多種頻率的電波一次全部發

圖1-23●聲音的波形（範例）

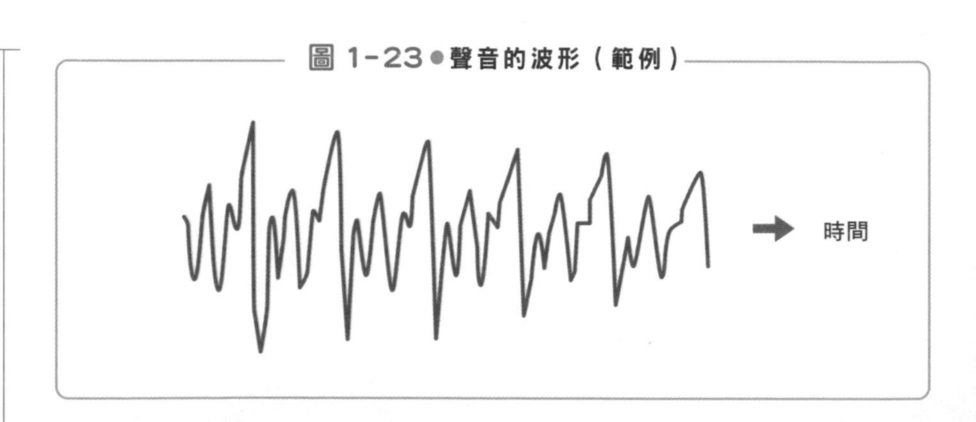

射出去會是件相當費工夫的事，因此實務上會在不影響大致波形的程度下，去掉高頻率的電波（有時也會視情況去掉低頻率的電波）使波形中的電波頻率被限制在一定的範圍內。**這個頻率範圍的寬度，就稱為「頻率寬度」（簡稱「頻寬」）。具體而言，這個範圍內的最高頻率減去最低頻率的數值，就是頻寬**。

如圖1-24所示，電話的聲音訊號會轉換成頻率範圍在300Hz（0.3kHz）～3.4kHz的電波訊號，故頻寬為3.4kHz－0.3kHz＝3.1kHz。與此相較，AM廣播電台所發射的電波訊號，頻率範圍則在40Hz（0.04kHz）～7.5kHz之間，嚴格說來頻寬應該為7.46kHz（＝7.5kHz－0.04kHz），不過其最低頻率的值與最高頻率的值相比，數字實在太小，故實務上會將頻寬當作7.5kHz。同樣的，FM廣播電台所發射的電波訊號頻寬為15kHz、CD音樂的頻寬為20kHz。由此也可以看出，頻寬愈廣，音質愈好、訊號的品質愈高。

圖 1-24●各種資訊訊號的頻率寬度

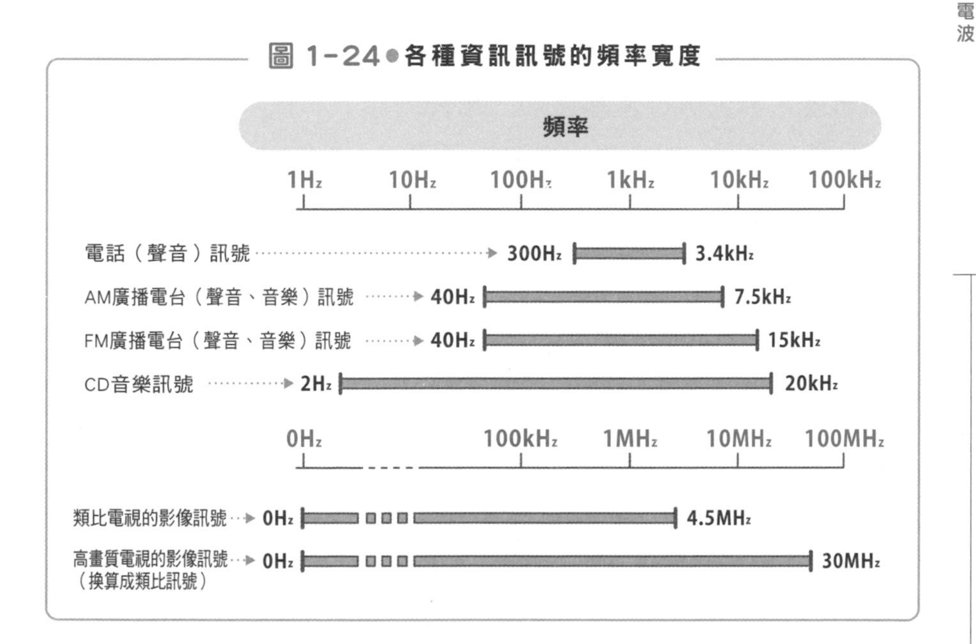

一般認為人耳可聽到的最高頻率為20kHz，故CD音樂會配合這個數值盡可能地占據最大的頻寬。

電視影像的品質也在逐漸提高。使用至2011年為止的類比電視，其影像訊號的頻率在0Hz（直流）～4.5MHz這個範圍內，頻寬為4.5MHz。與此相較，目前一般使用的數位電視為高畫質電視（HDTV：High Definition TV，日本又稱為「High-Vision」），其影像訊號的最高頻率可達30MHz，故頻寬大約為30MHz，變得更加寬廣，可傳送更高品質的影像。

若要傳送頻寬那麼廣的訊號，就必須使用到頻寬同樣廣、或者更廣的電波。即使是使用電纜傳送訊號也一樣。

頻寬這個概念，是用來表示類比訊號之傳送效率的單位之一。數位訊號的傳送效率會以傳送速度（單位為bps，bit／秒）表示，不過數位訊號本身也是由許多不同頻率的sin波組合而成，故其實也有著對應的頻寬。一般而言，傳送速度愈快，數位訊號的頻寬會變得愈廣。**頻寬較廣的傳輸方式，又稱為寬頻。高速傳輸、高速通訊等，也可稱為寬頻傳輸、寬頻通訊**。現在的手機也可使用較大的電波頻寬，以寬頻方式進行通訊。

電視廣播所使用的電波

——NHK 東京 FM 82.5MHz 的意思

以下我們將舉出幾個代表性的例子，說明如何使用各種頻率的電波。

一開始先介紹廣播。廣播必須將相同的節目傳送給許多非特定觀眾，若要讓每個地方的觀眾都能接收到訊號，以電波的形式發出訊號是最合適的。第一個廣播電台出現於1920 年美國的匹茲堡，日本則是在1925 年開始有廣播電台的服務。

如我們在圖1-24 中所看到的，聲音、音樂訊號的頻率介於10 ～ 20kHz之間。頻率那麼低的訊號不能直接轉換成電波發射出去，電波只能用頻率較高的訊號進行傳輸。因此，若要以電波傳送聲音、音樂訊號，就必須配合要使用的電波，將其轉換成頻率較高的訊號，以利傳輸。**這種操作稱為「調變」，過去是使用真空管進行調變，現在則是使用由電晶體等半導體零件製成的電路（調變電路）進行調變**。

在報紙的廣播節目表上，標有各家廣播電台的電波頻率。拿東京來說，「NHK第1」為594kHz、「NHK-FM」為82.5MHz（每個地區的廣播電台頻率都不一樣）。這表示「NHK第1」這個電台將聲音、音樂訊號轉換成頻率594kHz的電波發射出去。然而原本的聲音、音樂訊號有著一定的頻寬，故傳送出去的電波也要有一定的頻寬才行。如圖1-25所示，廣播電台會將欲發送出去的聲音、音樂訊號（頻寬為7.5kHz）與頻率為594kHz的波輸入至調變電路，再以594kHz的波為中心，往低頻與高頻分別展開7.5kHz的頻寬，合成輸出訊號波。合成後的訊號波，其頻率在586.5kHz（＝594kHz − 7.5kHz）到601.5kHz（＝594kHz＋7.5kHz）這個範圍內，也就是以594kHz為中心，頻寬為15kHz的頻段。這樣的訊號波便能夠由天線以電波的形式發射出去。

594kHz這個電波頻率是發送出去之訊號波的基準波（又稱為**載波**）頻率，故報紙會以這個載波的頻率標示廣播電台的頻率，但事實上發射出來的電波是以該頻率為中心，往上往下各延伸出一定幅度之頻寬的電波。各廣播電台所使用的頻率會錯開來，避免與其他電台的頻率（包含頻寬）重疊。要是使用的頻率重疊到的話，接收到電波的收音機就會聽到來自兩個電台之訊號的混合訊號，產生訊號重疊的問題。不過，如果兩個廣播電台的距離遙遠，電波又沒那麼強、走不了太遠的話，便可使用相同頻率的電波。在日本，是由總務省（原郵政省）來分配各電台的頻率。

調變後的訊號會占有多大的頻寬，是由調變的方式決定。

圖1-25說明的是稱之為**AM（Amplitude Modulation：振幅調變）**的調變方法。AM電台會叫這個名字，就是因為使用這種方法調變。同樣的，FM電台就是使用**FM（Frequency Modulation：頻率調變）**調變訊號後再發射電波。FM調變後的頻寬較廣，目前FM電台的立體聲訊號頻寬已可達到約200kHz。較廣的頻寬可以降低其受雜音的影響。AM電台的訊號常會出現「嘎

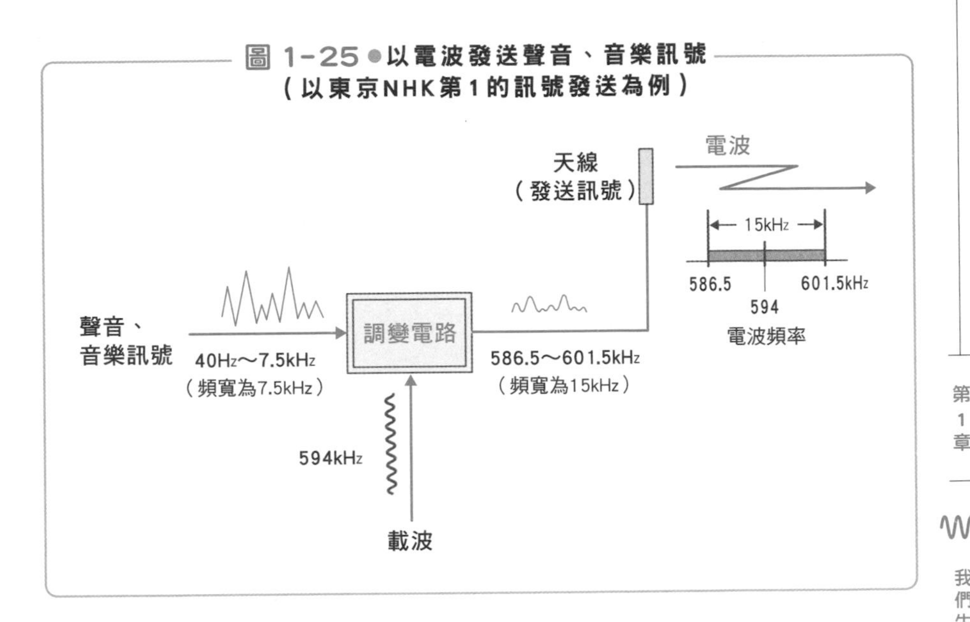

嘎嘎」或「沙沙沙」等雜音，不過FM電台就幾乎聽不到雜音，有很好的收音品質。

日本國內的AM廣播電台使用的是中波頻段的電波。中波的頻寬為2.7MHz（＝3MHz－0.3MHz），與訊號本身的頻寬15kHz比起來相當廣，可容納一定的頻道數。

不過，電視廣播的訊號頻寬需求較廣，只靠中波的頻寬仍不夠，需要使用頻率更高的電波才有辦法傳送電視訊號。短波的頻寬為27MHz（＝30MHz－3MHz），可用來傳輸電視訊號，但若要提供好幾個頻道使用的話，仍嫌不足。再說，短波頻段已有短波廣播電台與業餘無線電台等用戶使用。故電視廣播便使用VHF頻段進行播送。1936 年左右，第二次世界大戰前，德國與英國等國家曾測試過電視訊號的廣播，當時他們使用的是頻率為45MHz附近的電波。

第二次世界大戰後，人們才正式開始以電波發送電視訊號（日本是在 1953 年），日本使用的是 90MHz ～ 222MHz 的 VHF 頻段。當時還沒什麼人使用頻率在 100MHz 以上的高頻段電波，故有相當充足的頻段可供業者使用。現在的地上波數位電視訊號，則又使用到頻率更高的 UHF 頻段電波（470MHz ～ 710MHz），使業者有更多頻道可以選擇。

東京地區與大阪地區的電視頻道所使用的頻率如圖 1-26 所示。電視訊號的頻寬為 4.5MHz，不過在以電波發送電視訊號時，會以特殊方式調變，使其頻寬變為 6MHz。數位電視的影像訊號（與聲音）雖然是以數位訊號的方式發送，不過這裡也是將數位訊號的頻寬變為 6MHz。

仔細看看圖 1-26 可以發現，類比電視訊號的每個頻道之間會留下一個空白頻道。這是為了避免相鄰頻道的節目電波溢出一小部分，干擾到當前頻道的畫面（頻道 3 與頻道 4 的頻率離得很遠，故可連續使用，不會產生問題）。不過數位電視訊號就可以使用連續的頻道了。數位訊號對外來妨礙的抵抗能力較強，故即使受到部分相鄰頻道的電波干擾，亦不會有什麼大問題。由此可以看出，電視訊號數位化的優點之一，就是可以讓電波頻率的使用效率變得更好。

圖 1-26 ● 電視訊號的頻率與頻道配置

東京地區的電視頻道

類比電視訊號（至2011年7月為止）

地上波數位電視訊號

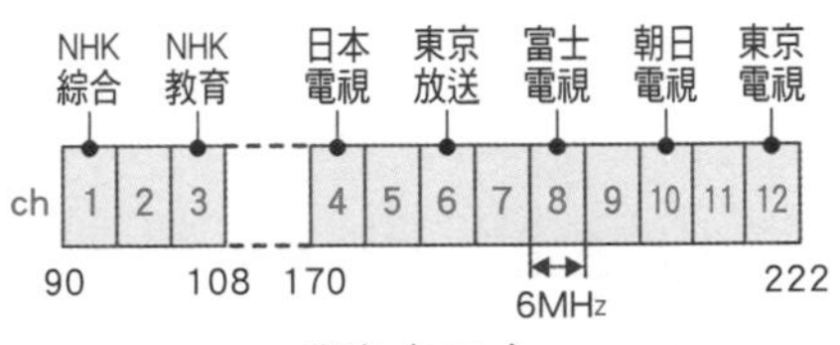

富士電視　東京電視　日本電視　NHK綜合

TOKYO MX　TBS電視　朝日電視　NHK E電視　放送大學

ch 20 21 22 23 24 25 26 27 28

512　6MHz　566

頻率（MHz）

大阪地區的電視頻道

類比電視訊號（至2011年7月為止）

地上波數位電視訊號

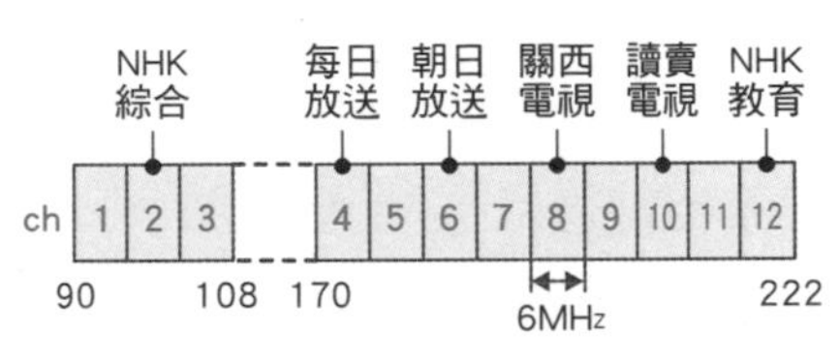

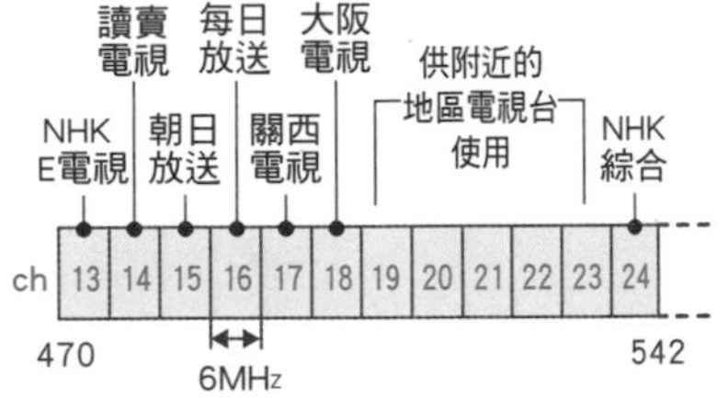

手機所使用的電波

——白金頻段的爭奪戰

能讓我們邊移動邊講電話的手機需藉由電波傳輸訊號。這個電波可以在基地台與手機之間建立起無線迴路，可通訊的距離則在數公里以內。適合手機使用的電波頻率，如圖 1-27 所示依幾個條件而定。

使用手機的人非常多。就算每個人使用的電話頻寬不大，若有許多人同時使用電話的話，就必須準備很寬的頻寬供用戶使用。此外，若要傳送影像的話，則需要用到更大的頻寬以進行寬頻通訊（高速通訊），而頻率較高的電波相當適合這種寬頻通訊。

可是，降雨或下雪時，頻率高的電波衰弱速度很快，無法抵達很遠的地方。若希望電波在任何天氣下都能夠穩定傳輸，用頻率低的電波比較合適。

手機所使用的電波有其特殊之處。電波僅可抵達距離基地台數公里的範圍內，在此之外就幾乎收不到訊號了。所以說，如果兩個基地台距離很遠，就可以用同樣頻率的電波進行傳輸。像這樣重複使用相同頻率之電波，便可讓廣大服務區域的用戶分享有限的頻率。此時由於頻率愈高的電波，有效距離愈短，故若要避免訊號干擾，使用頻率高的電波會比較好。

圖 1-27●適合手機使用之電波的條件

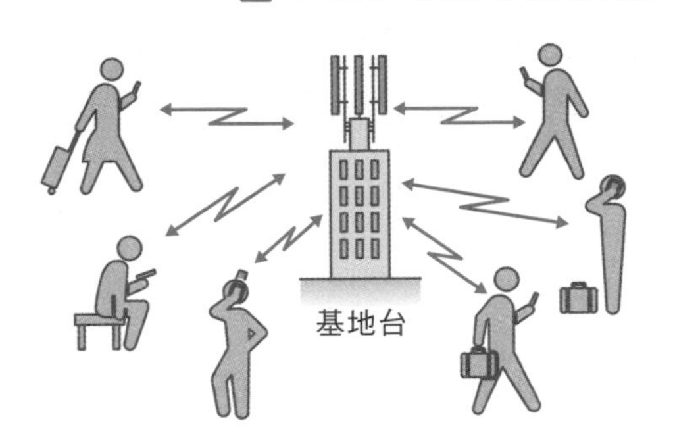

- 使用手機的人很多
- 使用寬頻通訊

高頻率電波
較適合

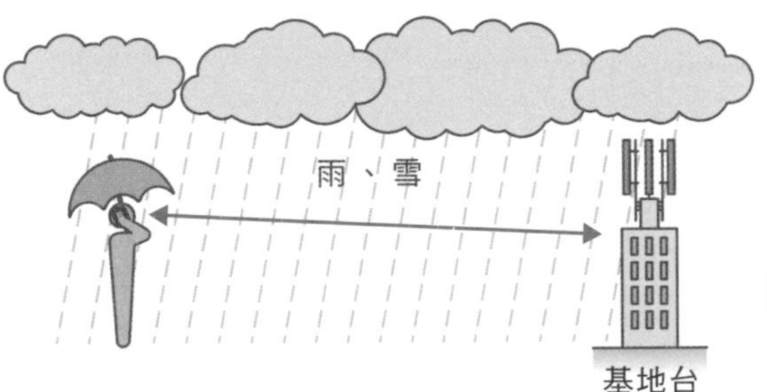

- 即使下雨或降雪
  也能收到訊號

低頻率電波
較適合

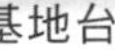

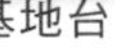

- 電波無法抵達
  其他基地台的
  負責區域

高頻率電波
較適合

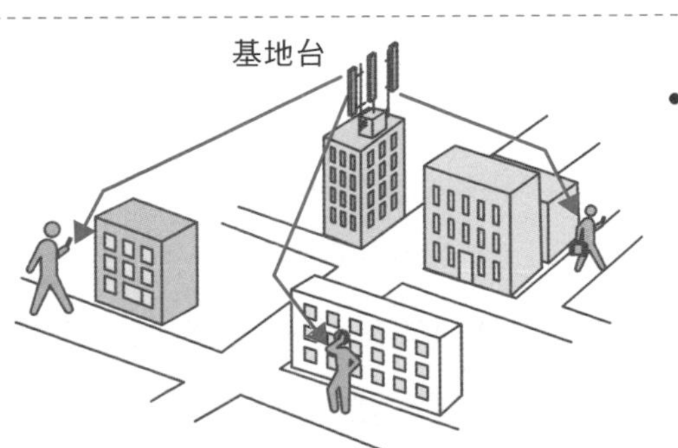

- 就算被建築物或其他
  遮蔽物擋住，電波也可以
  繞過障礙被手機接收

低頻率電波
較適合

如果用戶在都市內，那麼從基地台發射的電波便不容易直接抵達被大樓或其他建築物遮蔽的地方。但因為電波有繞射現象，故可繞過建築物的邊角，抵達用戶手機。電波頻率愈低，這種繞射現象愈明顯，故若希望電波能盡可能到達每一個角落，用低頻率的電波會比較好。

考慮到這些條件之後，一開始選擇了800MHz的頻段給手機通訊使用。當然，這也是因為800MHz以下的頻段已經被UHF電視訊號占用，只剩800MHz以上的頻段還沒人用，才會讓給手機通訊使用。不過就結果而言，這個頻率也相當適合手機使用。

在這之後，手機使用者急遽增加，800MHz的頻段逐漸不敷使用，於是陸續開放1.5GHz、1.7GHz、2GHz、3.5GHz等較高頻率的頻段供手機使用，如圖1-28 所示。另外，也將800MHz的可用頻寬擴大到700MHz ～ 900MHz。特別是近年來，隨著手機通訊高速化的進展，極需足以應付其需求的頻寬，故人們逐漸把眼光放在高頻率頻段的使用上。

電波有許多不同用途，使用這些電波的業者也相當多。因此必須嚴格規定手機可以使用哪些電波頻率（圖1-28、圖1-29），再將這些頻率分給各家業者。然而頻率較高的電波，在降雨等原因的影響下會迅速衰弱，離基地台太遠電波會變弱，再加上電波的繞射效果也會減少，有可能導致手機收不到訊號的地方增加。所以說，對於手機業者來說，低頻率的800MHz電波會比較好用，自然也會盡可能去爭取低頻率頻段的電波使用權。

2012 年時，日本政府重新分配700MHz ～ 900MHz的電波頻段，將過去供UHF電視訊號（類比）使用的700MHz頻段劃出來給手機使用，並預留了供高速通訊使用的寬頻頻段。因為這個頻段相當好用，故又稱為「**白金頻段**」，變成各公司競相爭取的頻段，不過最後是以抽籤的方式公平分配（圖1-29）。由於手機是雙向通訊，故需要從手機到基地台（上行）的電波與從基地台到手機（下行）的電波。為了讓這兩種電波不要彼此干擾，手機端所發射的電波頻率，與基地台所發射的電波頻率必須分開並且成對分配才行。

隨著手機使用者逐漸增加，高速通訊的需求也愈來愈大，既有的電波頻率已逐漸不敷使用，成為了一個亟待解決的問題。故今後必須盡快開發出使用效率更高的電波技術，並增加新的電波頻段以供使用。如圖1-28所示，2010年上路的**第四世代通訊技術**

圖 1-28 ● 分給手機使用的電波頻率

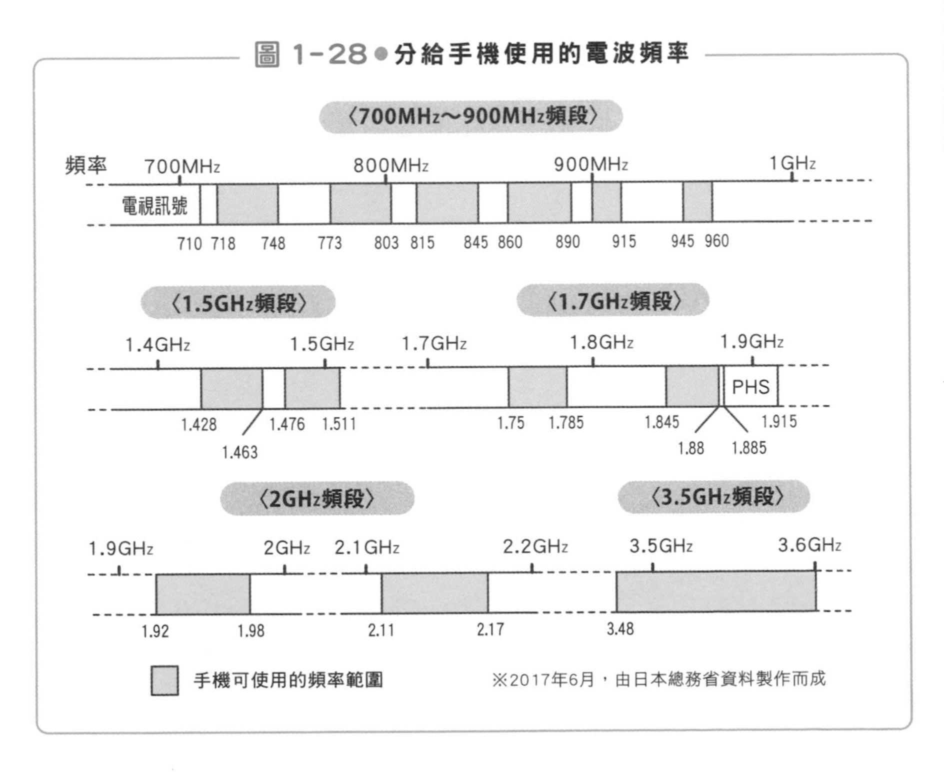

（4G）手機，使用的是頻率為700MHz～3.6GHz的電波。而預計於2020年上路的**第五世代通訊技術（5G）**手機，使用的則是4G頻段再加上更高頻率的電波，包括4.5GHz頻段及28GHz頻段等，甚至也在討論是否要使用到30GHz以上的毫米波頻段。

圖 1-29 ● 白金頻段（700MHz～900MHz）的頻率分配

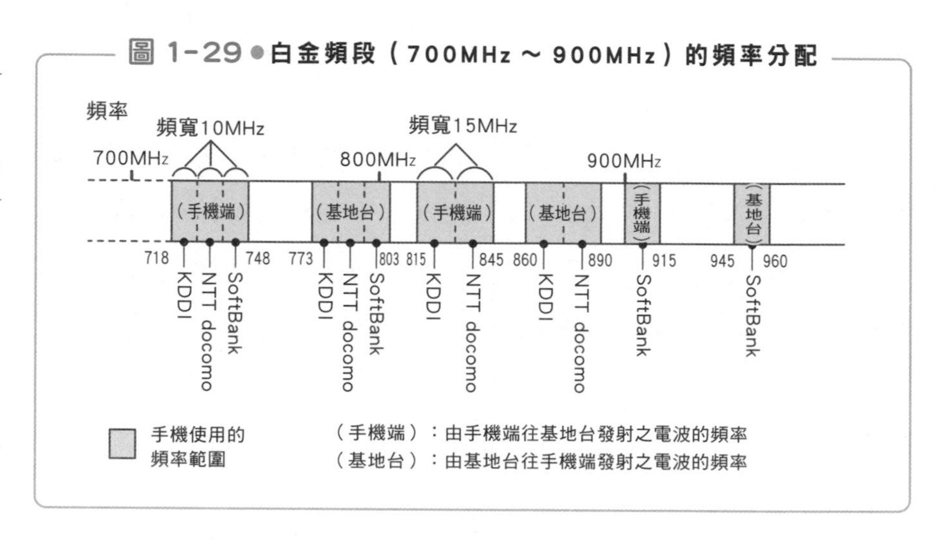

雷達所使用的電波

——極度精密的氣象雷達

除了用來傳輸各種資訊、訊號之外，電波還有許多功能。由於電波的速度固定（1秒30萬km），故也可利用這點來測量距離。而雷達就是其中的代表。

雷達可將強力電波射向物體，電波打到物體後會反射回來，故只要測得電波發射時間與反射波抵達時間的時間差，就可以知道物體與雷達之間的距離與方向了（圖1-30）。實務上會使用下一節（第62頁）所提到之方向性強的天線，往某個方向發射脈衝寬度小的電波，再由雷達接收由物體反射回來的電波。由於電波的速度固定，故只要知道電波由發射至返回花了多少時間，就可以計算出物體的距離。若將天線360度旋轉，就可以偵查四面八方的天空。

只有當電波波長比物體大小還要小的時候，電波碰到物體後才會反射回來。如果電波波長比物體還要大的話，就會穿過物體繼續前進。因此用波長較短的電波來偵查的解析度較高，可得到高解析度的偵查結果，但高頻率電波在大氣中的衰弱速度相當快，到不了很遠的地方。另一方面，若要盡可能擴張偵查範圍，就要用頻率比較低的電波比較有利，但由於它的波長較長，對目標的解析度就會比較低。

在這些條件的影響下，多數雷達所使用的頻率落在數GHz這個區間（波長為數公分左右），也就是微波頻段的電波。頻率在10GHz以下的電波有很強的方向性，可以探查到1000km左右的距離。而在距離較短的範圍內，亦可使用頻率更高的毫米波頻段的電波。

第二次世界大戰時，為了尋找敵人，雷達技術發展迅速，且在戰爭中相當活躍。戰後，雷達在軍事用途上仍扮演重要的角色，不過相關技術亦開放給非戰爭目的使用，如船舶用雷達、航空管

圖 1-30 ● 雷達的原理

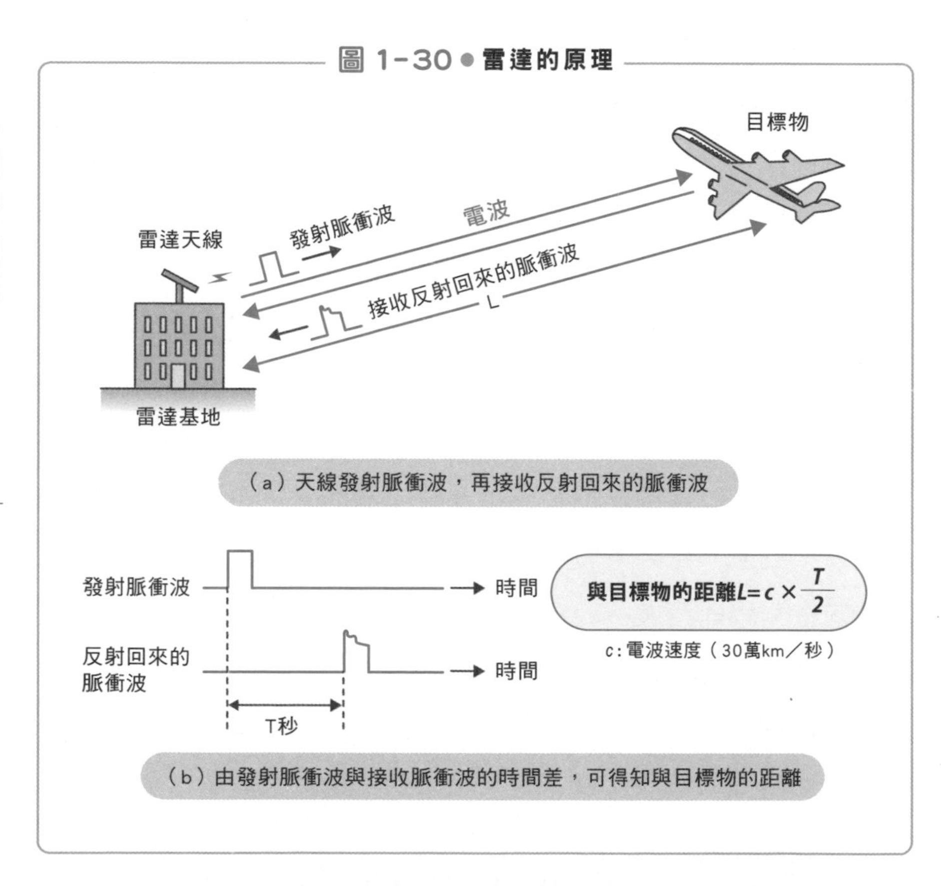

（a）天線發射脈衝波，再接收反射回來的脈衝波

（b）由發射脈衝波與接收脈衝波的時間差，可得知與目標物的距離

制用雷達、氣象雷達等。

我們經常可在電視的天氣預報上看到**氣象雷達**的影像，故氣象雷達可說是我們最熟悉的雷達應用。幾乎所有氣象雷達所使用的電波皆位於2.8GHz、5.3GHz、9.5GHz等頻段，而主要使用的是5.3GHz的頻段。如圖1-31所示，雷達會發射時間長度為2微秒（1微秒為百萬分之一秒）的脈衝波，當脈衝波接觸到雨滴時會反射至四面八方，接著雷達再接收反射回來的脈衝波。由脈衝波發射至返回的時間差與反射波的強度，可以測得半徑約200～300km範圍內的降雨狀況。另外，我們也會使用毫米波雷達（35GHz頻段）來觀察顆粒較小的雲或霧。

這種氣象雷達會一邊旋轉天線，一邊發射微波頻段（主要是5.3GHz）的電波，能夠觀測半徑廣達數百公里內的所有雨、雪分

圖 1-31 ● 氣象雷達

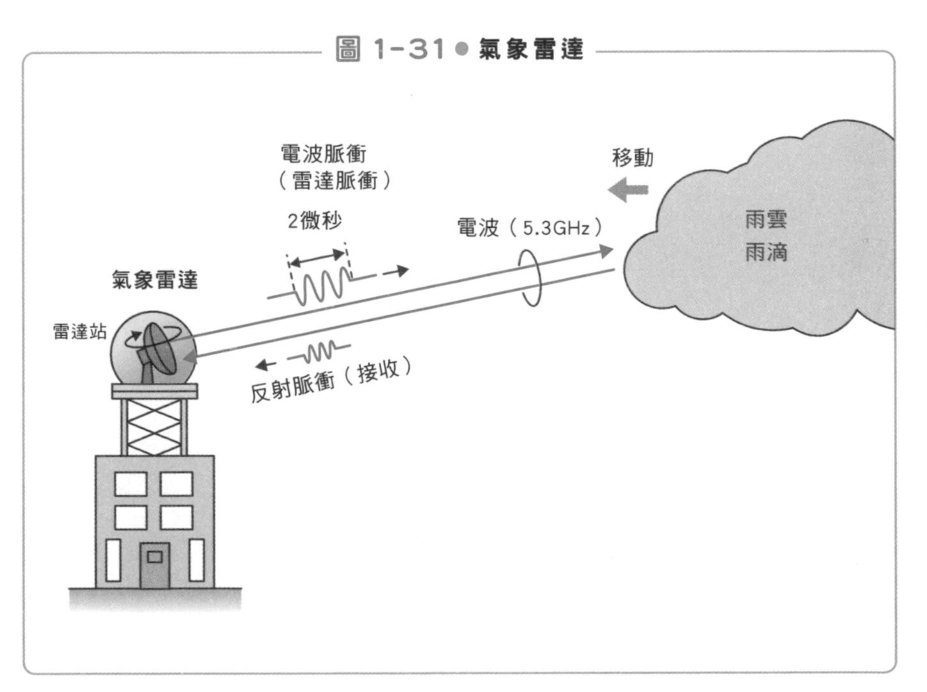

布。日本全國從札幌到沖繩共有20個觀測所，幾乎覆蓋了整個日本國土。

最近有愈來愈多汽車開始搭載防止車禍的雷達系統。這種系統使用的是毫米波雷達（60GHz、76GHz等頻段），可以偵測到半徑100～200m範圍內的障礙物，並測量該車與周圍車輛之間的距離。

近年來**X頻段雷達**成為了熱門話題。這裡的「X」是用來表示雷達或衛星通訊所使用之電波頻段的代號，不同的頻段會用不同代號，而X頻段是指8GHz～12GHz的頻段。其中X頻段雷達使用的是9GHz的電波，美軍所開發的早期預警雷達便是這種雷達，相當有名。該電波的波長很短（3.3cm），故有相當高的解析度。據說若發射足夠強的電波，甚至可以看清距離1000km以上的飛彈彈頭形狀。

取締汽車超速與測量棒球球速的測速槍也是用雷達原理測速。由於此時欲測量的是物體的移動速度，故需要用到電波的**都卜勒效應**。

都卜勒效應常見於聲波上，當急駛中、開啟鳴笛的警車或救護車接近時，鳴笛聲聽起來會比較高；而當警車或救護車遠離時，鳴笛聲聽起來會比較低，大家應該都有過這種經驗。這是因為我們耳朵聽到的聲音頻率在接近時比較高，遠去時變比較低的緣故。這就是都卜勒效應。

電波與聲音一樣都是波，故也會有都卜勒效應。假設我們向物體發射電波，並測量反射波的頻率，如果物體往我們靠近，測到的頻率就會比較高；如果物體遠離我們，測到的頻率就會比較低（圖1-32）。發射出去的電波與反射回來的電波之頻率差異，會與物體的移動速度成正比，故只要測量頻率的差異，就可以知道物體的速度是多少。測速槍就是利用這種原理計算物體的速度。

氣象雷達也可利用都卜勒效應，由反射回來的電波強度與頻率之變化，計算出降雨強度以及雨、雪的移動速度。特別是機場的氣象雷達，可以偵測到海拔500m以下，由下擊暴流所引起的低空風切（風向或風速的急遽變化），是確保飛機安全航行時不可或缺的雷達。

圖 1-32 ● 電波的都卜勒效應

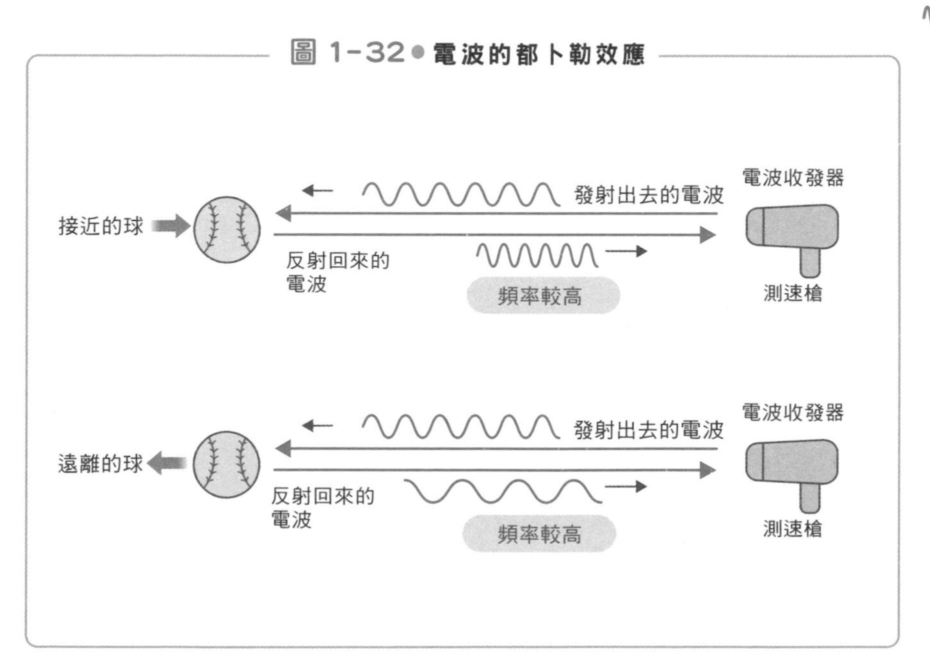

放出電波、處理電波的天線

——長度為波長的一半效率最好

不管是通訊還是廣播，都需要天線將各種訊號轉換成電波發射出去，也需要天線接收、處理電波。

天線有很多種形式，不過最基本的天線如圖 1-33 所示，是由

圖 1-33 ● 半波長偶極天線

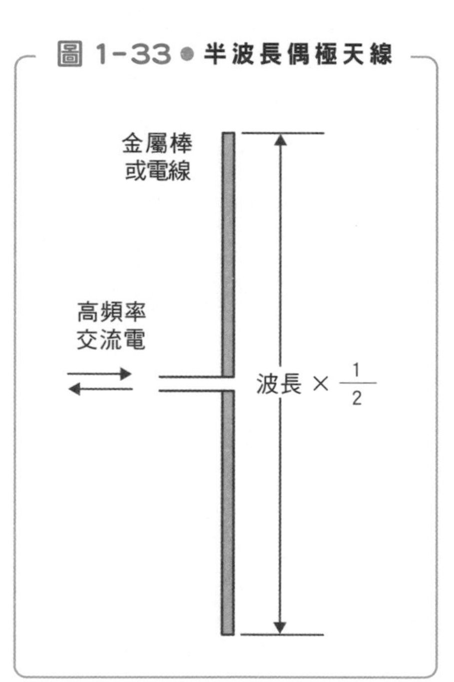

圖 1-34 ● 1/4 波長天線

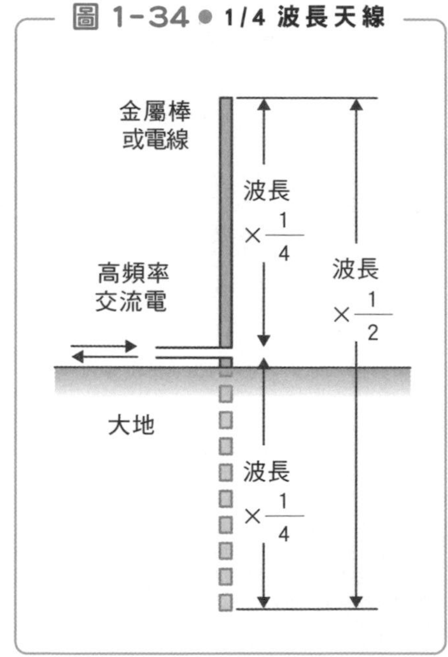

金屬棒組成，並在中間通以高頻率的交流電（高頻率電流）。**當這種天線的長度為電波波長的一半時，發射電波的效率最高，故也稱為「半波長偶極天線」**。這種天線也可以發射其他波長的電波，但用來發射波長為天線長度2倍的電波時效率最高。接收電波的時候也一樣，天線對於波長為其長度2倍的電波敏感度最高。在**赫茲的實驗**（參考第11頁的圖1-1）中，赫茲其實就是製作了一個半波長偶極天線。

並非任何電線或金屬棒都可以做成天線。如前所述，天線的長度必須依照發射、接收之電波的頻率而定。要收發波長愈短，也就是頻率愈高的電波，天線就必須做得愈短；相反的，要收發頻率愈低的電波，天線就必須做得愈長。

若想將天線的長度做得更短，可以將半波長偶極天線再縮短成原來的一半，變成「**1/4 波長天線**」，如圖1-34所示。它只使用圖1-33的半波長偶極天線的上半部，下半部的電線或金屬棒則改為接地結構，如同插入地面般。由於大地為很好的電流導體，故大地就像鏡子一樣可產生1/4 波長天線的倒影，兩者合起來就相當於一個半波長偶極天線。因為這種天線有一端為接地，故又被稱為「**接地天線**」。這種天線在收發波長較長的電波時可以設計得比較短，故方便許多。馬可尼一開始進行無線通訊實驗時，就是使用頻率較低的電波與這種1/4 波長天線，以拉長通訊距離。

目前以中波廣播的電台就是用這種1/4 波長天線。其所使用的電波頻率為535kHz ～ 1605kHz，轉換成波長的話大約是560m ～ 190m。故發射這種電波只要立一個數十公尺高（最多也只要100m多一點）的鐵棒，就可以作為1/4 波長天線使用了，而且只有半波長偶極天線的一半高。家用的收音機或許沒辦法裝設那麼長的天線來接收訊號，但由於來自發射端的電波訊號夠強，所以即使接收端的天線短一點也可以收得到訊號。

我們常可在家家戶戶的屋頂上看到用來接收電視訊號的天線，這些天線大多是半波長偶極天線。如同照片1-1 般，這些天線的結構都是由一根連接桿串起好幾條平行排列的金屬棒，且在特定方向上（也就是電視塔台的方向）的電波收訊特別好。

圖1-35 即簡單介紹了這種天線的原理。半波長偶極天線的前方（迎來電波的方向）間隔約1/4 ～ 1/8 波長處，會安裝一個長度略小於半波長的金屬棒，作為引導電波的導波器；後方亦同樣間隔約1/4 ～ 1/8 波長，安裝一個長度略大於半波長的金屬棒，作為反射電波的反射器。若沿著連接桿安裝好幾根導波器，並使相鄰導波器的間隔固定，便可以使接收電波的方向性變得更強，效率更高。這種天線是在1926 年時，東北帝國大學的八木秀次教授和宇田新太郎講師（之後亦成為教授）所發明的，故也被稱為「**八木宇田天線**」。

如圖1-26（第51 頁）所示，在2011 年前所使用的VHF頻段電視訊號（類比電視），頻率為90MHz ～ 222MHz，波長約為3.3m ～ 1.3m。而接收這種訊號的半波長偶極天線之長度，大約等於這個波段的中間值的一半長。目前使用UHF頻段的是地上波數位電視訊號，主要使用的頻率為470MHz ～ 570MHz的電波，其波長約為64cm ～ 53cm。因此UHF訊號所使用的半波長偶極天線長度會比VHF所使用的天線還要短。如照片1-1 所示，上方為UHF所使用的天線，下方則是VHF所使用的天線。由照片可以看出，

圖 1-35 ● 方向性很強的八木宇田天線的原理

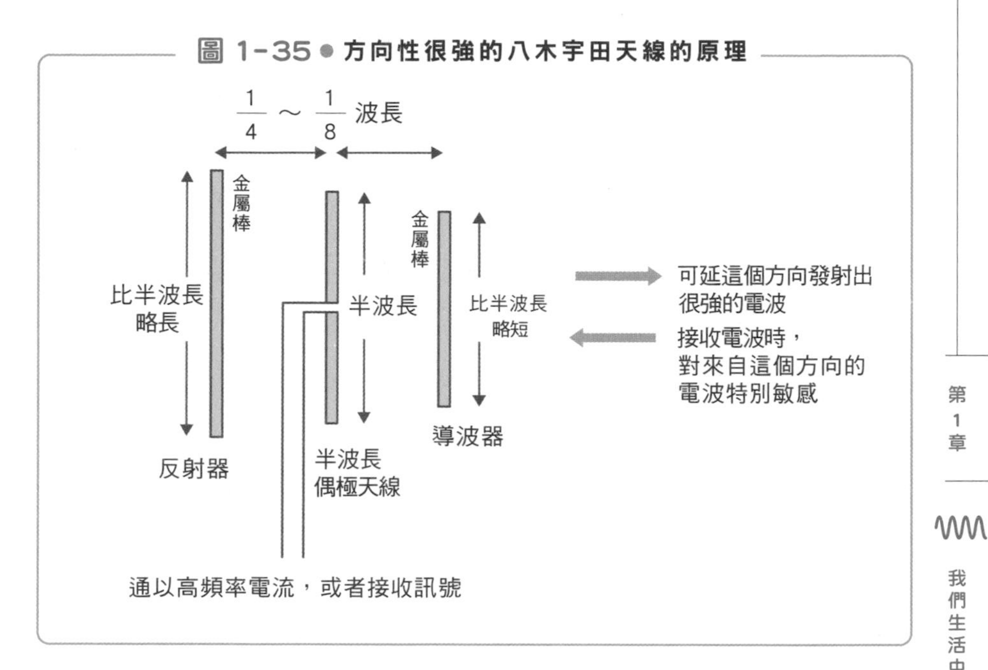

波長較短的UHF所使用的天線小了許多。而天線上之所以會有那麼多金屬棒，則是為了加強其方向性。

手機使用的是頻率為710MHz～3.6GHz的電波，其波長約為42cm～8cm，如圖1-28（第55頁）所示。當使用波長較長、頻率較低的電波時，由於對應其波長的半波長偶極天線過大，難以收合在手機裡面，故手機業者設法改進了天線結構，將對應的1/4波長天線塞進手機裡面。手機之所以適合用這種頻率的

照片 1-1 接收電視訊號用的八木宇田天線
上方為接收地上波數位電視訊號用的UHF天線，下方則是接收類比電視訊號用的VHF天線。

電波通訊，天線的長度也可說是原因之一。

收發微波訊號時所使用的「碗型」天線實際上是一個拋物面天線，特徵在於它的指向性特別強，其原理與牛頓發明的反射望遠鏡相同。「碗型」反射鏡的截面如圖1-36所示，呈拋物線狀。拋物線狀的反射鏡可以將來自圖片右方的電波聚集於焦點F上，故只要將天線安裝在F點上，就可以接收到範圍很廣的電波，即使電波相當微弱也收得到訊號。拋物面做得愈大，就可以收到愈弱的電波訊號。

照片1-2為接收衛星訊號的拋物面天線，天線指向位於赤道上空的BS衛星，感應靈敏，可以接收到來自衛星的微弱電波訊號（12GHz頻段）。另外，我們於第3章會講到電波天文學（參考第132頁），電波天文學也是以巨大的拋物面天線接收來自宇宙的微弱電波並進行觀察。

微波無線直播也會使用到拋物面天線（照片1-3）。從拋物面的焦點F所發射的電波經過反射鏡反射之後，可得到平行的電波，直直地往目標的方向前進。因為不會朝無效的方向發射電波，故在訊號傳輸時效率很高。

圖1-36● 拋物面天線的原理

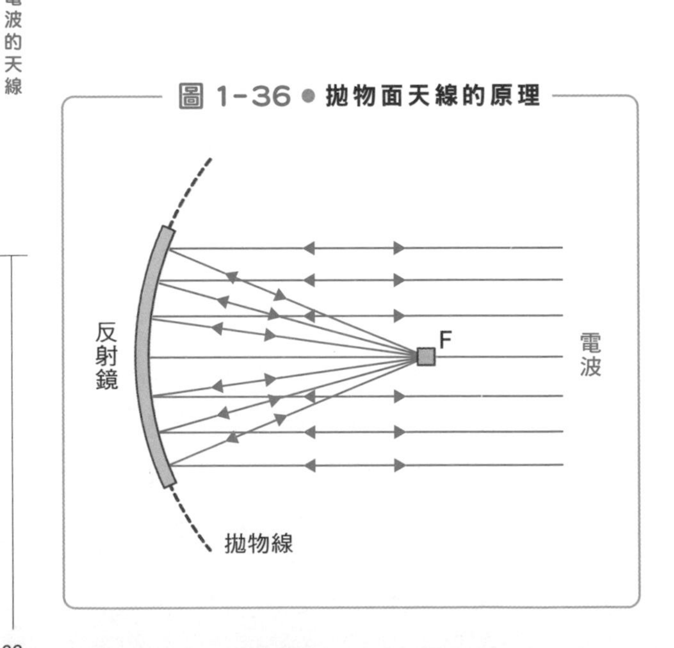

雖然電波會

自然而然地往四面八方發散，不過只要像這樣重新設計天線的結構，便可以讓電波只朝著特定的方向前進，由於電波只朝著特定的方向前進，故傳輸效率也會比較高。

照片 1-2 衛星傳輸時收訊用的拋物面天線

照片 1-3 以微波傳輸直播訊號時用的拋物面天線

可自由改變電波方向的「相位陣列天線」

——應用在神盾艦與 5G 手機上

近年來，因指向性很強而廣受矚目的天線就屬「**相位陣列天線**」了。這種天線主要使用微波以上的高頻率電波，如圖 1-37 所示，相位陣列天線上有許多天線元件排列在一個平面上。每一個天線元件都是一個小小的天線，當我們在各天線元件上同時通以相同頻率的電流時，可使它們一起發射出電波。此時，若能稍微錯開各天線元件上高頻率電流的相位（與振幅），便可使天線僅朝某個特定方向發射出強烈的電波束。而且，也對來自這個方向的電波感應特別敏感。換言之，這就是一個指向性非常強的天線。我們可藉由調整各天線元件之電流的相位，自由改變發射或接收電波的方向。

這就是相位陣列天線的特徵。過去的八木宇田天線、拋物面天線等指向型天線，皆必須藉由改變天線本身的方向，來調整發射電波的方向（以及接收電波的方向）。然而相位陣列天線本身可固定不動，僅靠著調整各天線元件之電流相位（與振幅），便可改變天線的指向性。而且操作人員可以在瞬間切換電流型態。

這個相位陣列天線上的天線元件數量愈多，或者頻率愈高，便可發射愈細的電波束，精準地將電波傳送到目的地。

神盾艦上皆有搭載相位陣列天線，故可在屬於日本海上自衛隊的港口看到這種天線。照片 1-4 的長八邊形就是供雷達使用的相位陣列天線，神盾艦上通常搭載了四個這樣的天線，藉此掌握目標的距離、方位、高度等資訊。

另外，近年來相位陣列天線也開始運用在氣象雷達上。

在不久後的2020 年，即將上路的第五世代手機通訊基地台，也預計會使用相位陣列天線。至今為止手機基地台的天線所發射的電波，皆為360 度均勻發射。如果基地台改用相位陣列天線的話，便可將電波集中成束，僅向特定用戶發射電波。因此，如圖 1-38 所示，基地台可以對服務範圍內位於不同方向的使用者，用

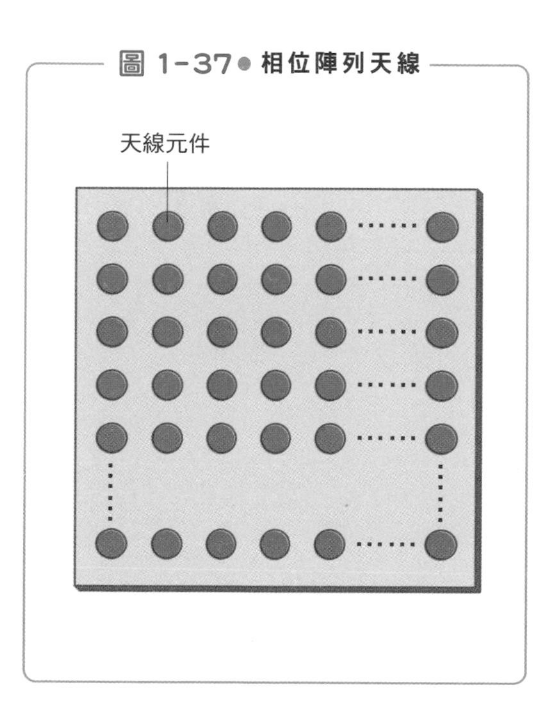

圖 1-37● 相位陣列天線

照片 1-4 照片中可看到兩個外觀為長八邊形的雷達用相位陣列天線。

相同頻率的電波發射訊號而不會產生干擾。若要改變訊號發送對象，可以藉由控制電流，瞬間改變電波束的方向。

就像這樣，只要使用相位陣列天線，就可以同時發送相同頻率的電波給多個使用者，故可有效利用逐漸不敷使用的電波頻段。

圖 1-38 ● 相位陣列天線可與多個手機使用者同時進行通訊

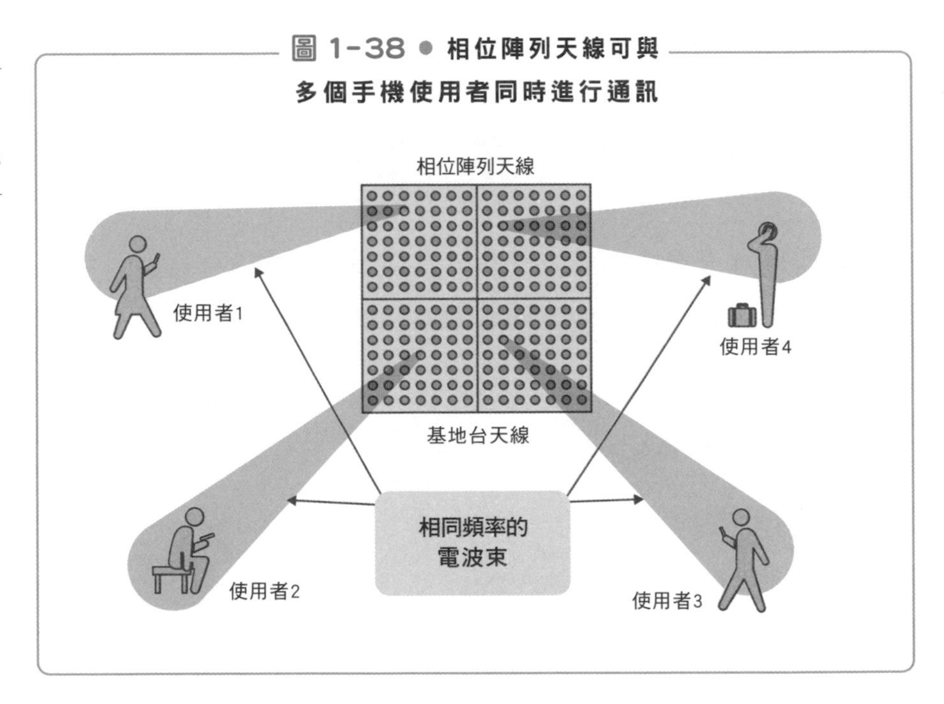

利用電波傳送電力的「微波無線供電」

——應用在海上的風力發電與太空中的太陽能發電

至今電波主要都用於聲音、音樂、圖片等資訊的傳遞，而最近人們逐漸注意到以電波傳送電力的可能性。以往人們都是以電線來傳送電力，但如果可以用電波實現電力的無線傳導的話，即使在無法建設電線的地方，也能夠傳輸電力。

如圖 1-39 所示，這個方法是先將電力（不管是直流電或交流電都可以）轉換成數 GHz 的高頻率微波，再用指向性強的天線，以無線的方式精準地發送到目的地。收訊方接收到這個微波後，再將其轉換成原本的電力，就完成了電力輸送。之所以選用微波作為媒介，是因為電波的頻率愈高，愈容易將其集中成較細的電波束。但如果頻率太高的話，又會被大氣吸收，白白增加電力輸送時的能量損失，故使用較不受大氣影響的微波（10GHz 以下）是比較好的選擇。

問題在於，將電力轉換成微波、於空中傳送電波、將接收到的微波轉換回電力……該如何減少在這個過程中所產生的能量損失，以及發射出來的電波束與接受電波的天線之間能否準確對應。

圖 1-39 ● 以微波傳輸電力的原理

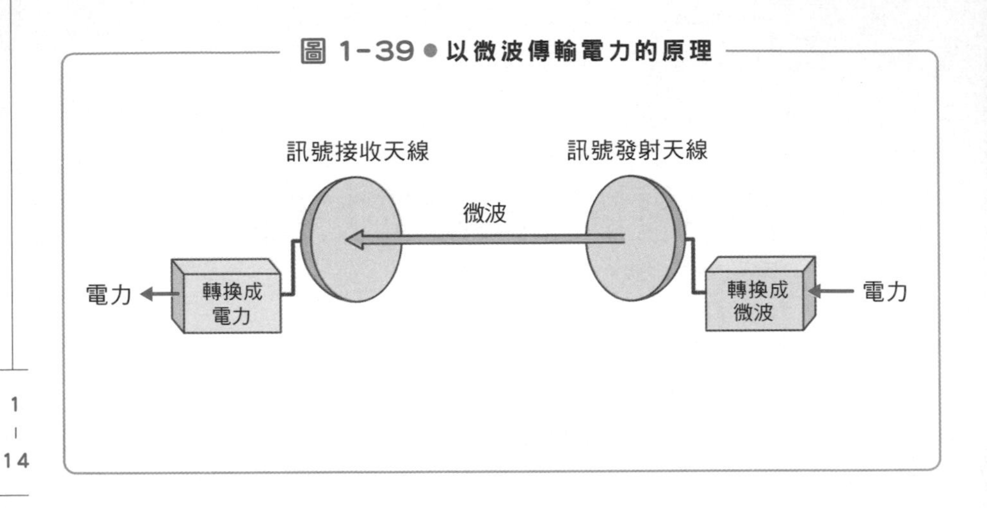

另外，要是微波把飛在天上的鳥烤焦的話也會造成問題，故電波的能量密度必須相當低才行。也就是說，需要用面積很大的天線來進行傳輸，而在前一節提到的相位陣列天線就可以在這裡派上用場。

這裡提到的微波電力傳輸，被認為可以應用在海上的風力發電，使其可以不透過海底電纜，直接把海上所發的電力送到陸地上。另外，以空中供電的方式為無人電動飛機供電的實驗也正在進行中。

而微波無線供電還有一個規模龐大的計畫，那就是將在太空發電所得到的電力傳送到地面上，也就是所謂的「**太空太陽能發電**」。

簡單來說，就是在赤道上方36000km處的**靜止衛星軌道**※上放置巨大的太陽能板，將其發電所得之電力轉換成微波送到地面上（圖1-40）。與地面不同，太空中24小時皆可照射到陽光，也

圖 1-40 ● 太空太陽能發電示意圖

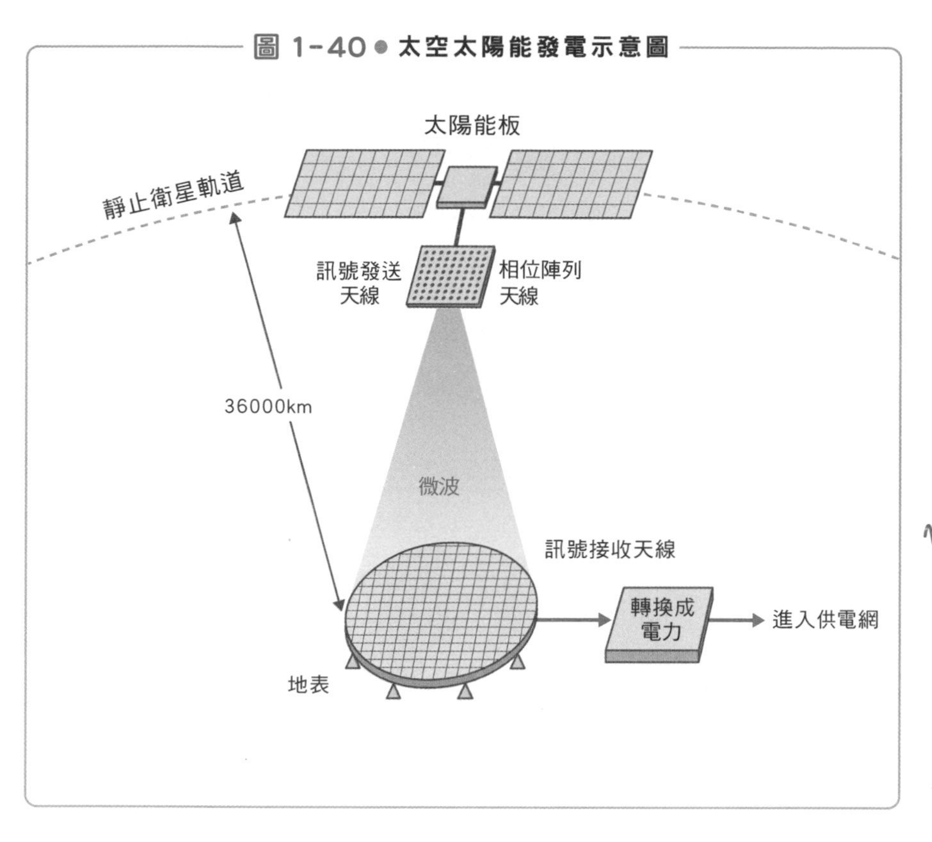

沒有雨天或陰天，故可得到穩定的電力來源。計畫中希望發電的效率能達到相當於一個核能電廠機組，也就是約100萬kW的電力，因此需要將大小約2.5～3.5km的天線及太陽能板送到靜止衛星軌道上。如此巨大的天線雖然使用的是相位陣列天線，但沒辦法一次運送上去，所以需要將太陽能板分割，分成好幾次送上太空，再於軌道上組裝起來。太陽能板發電所得到的直流電在轉換成微波（預計為5.8GHz）後，必須瞄準地面上的特定地點發射。因此由衛星發射出來的微波束角度不能超過0.005度，並且會用相位陣列天線以電力精確控制其方向。即使如此，電波在行進途中仍會逐漸發散，故地面上必須準備直徑3～4km的巨大天線。若電波束擴張到那麼大，其電力密度甚至比太陽光還要小，就算被這種電波照到，對人體也不會有任何影響才對。

　　若要實現這個計畫，就必須克服包括運上軌道的成本在內等許多問題，不過因為這是「自然而溫和的電力」而使它備受矚目。作為一個國家級計畫，希望能在2040年代將其付諸實現。

※人造衛星的公轉週期與地球自轉週期相等的軌道，從地面上某點看上去時，衛星看起來就像靜止不動一樣，故如此稱呼它。

電磁波的本質

電場與磁場

——開放的電力線、封閉的磁力線

如前所述，電波為電磁波的一種。**日本將電波定義為頻率在3THz以下的電磁波**。電磁波如同其名，是由電力與磁力產生的波。這裡就讓我們先說明一下，最基本的「**電場**」跟「**磁場**」吧。

先從比較好懂的磁場開始說明。

大家都知道，將磁鐵靠近鐵塊時會吸引鐵塊。磁鐵之所以會吸引鐵製品，是因為磁鐵的周圍有著吸引鐵製品靠近的力量。**這**

圖 2-1 ● 由磁鐵所產生的磁力線與磁場

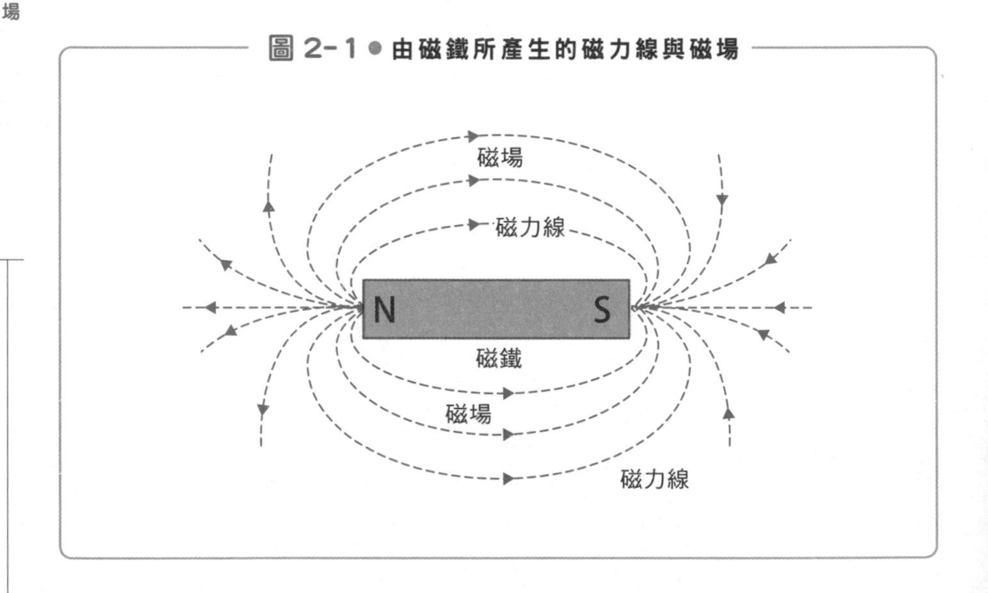

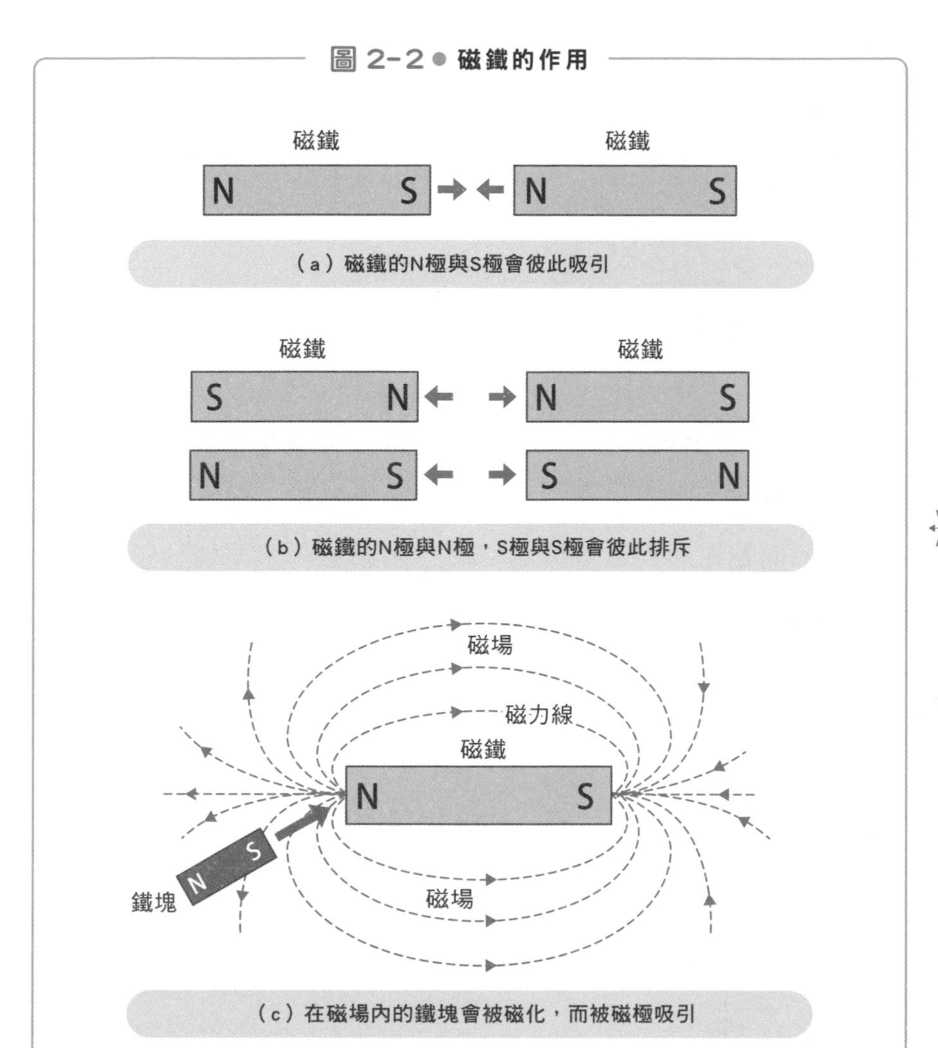

圖 2-2 ● 磁鐵的作用

（a）磁鐵的N極與S極會彼此吸引

（b）磁鐵的N極與N極，S極與S極會彼此排斥

（c）在磁場內的鐵塊會被磁化，而被磁極吸引

種可以讓磁鐵發揮其力量的空間就叫做「磁場」。如圖2-1 所示，我們可以想成從磁鐵的N極往S極，有著一條條肉眼看不到的磁力線。而這些磁力線的方向，就是磁場的方向。

磁鐵的N極與S極之間會互相吸引；但N極與N極，或者是S

極與S極之間卻會互相排斥（圖2-2(a)(b)）。將沒有磁性的一般鐵塊靠近磁鐵時會被磁鐵吸引，是因為進入磁場中的鐵塊會被磁化，使鐵塊靠近磁鐵N極的部分變成S極，而被磁鐵的N極吸引（圖2-2（c））。如果不是鐵製品，而是鋁或其他材質的話，即使放在磁場內也不會被磁化，故也不會被磁鐵吸引。

電場和磁場很像。將塑膠墊板與衛生紙之類的薄紙摩擦一陣子後拿開一段距離，可以發現薄紙會被墊板吸引過去（圖2-3（a））。這是因為墊板與薄紙在摩擦之後會產生**靜電**，薄紙上帶有正電，墊板上帶有負電，這個現象稱為**帶電**（帶有正電荷或負電荷），而正電與負電會彼此相吸。如果拿兩張同樣跟墊板摩擦過的薄紙互相靠近，則會發現這兩張紙彼此排斥（圖2-3（b）），

圖2-3●靜電作用力

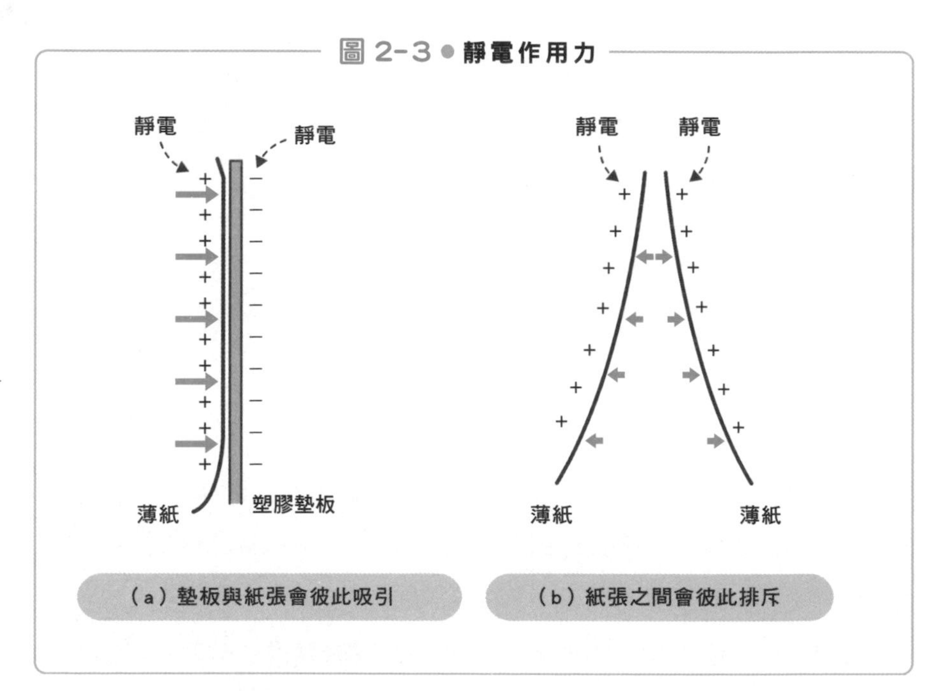

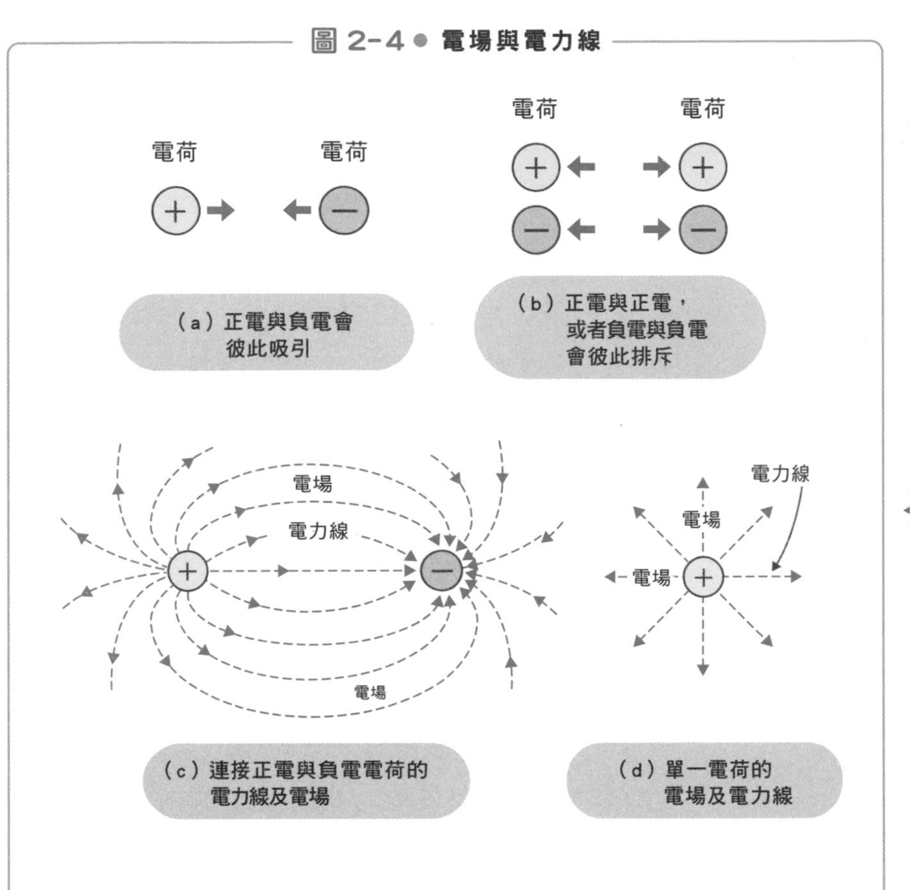

這是因為兩者皆帶有正電，會互相排斥。

總之，電荷（不管是正電還是負電）會與周圍異號的電荷互相吸引，同號的電荷則會互相排斥（圖2-4（a）（b））。圖中用了「**電荷**」這個字，電荷是指物體所帶有的靜電，通常會用來表示物體帶有多少正電或多少負電。**這個可以讓靜電發揮其力量的空間就叫做「電場」。而我們可以從正電荷為起點，畫出一條條**

曲線到負電荷，這些線為肉眼看不到的電力線（圖2-4（c））。

這裡的電場與圖2-1 所描繪的磁場看起來很像，不過兩者卻有一個很大的差異。那就是正電荷或負電荷皆可以單獨形式存在，其電力線可想像成會擴張至無限遠處（圖2-4（d））。另一方面，磁鐵則如圖2-5 所示，必定為N極與S極成對出現，不存在只有N極或只有S極的磁鐵。若我們將棒狀磁鐵切成一半，那麼分開來的兩個磁鐵會各自形成自己的N極與S極。不管把磁鐵切得多細，最後一定都會得到成對的N極與S極。因此磁力線必定如圖2-1 所示，為從N極到S極的封閉曲線。

圖 2-5 ● 將磁鐵切半

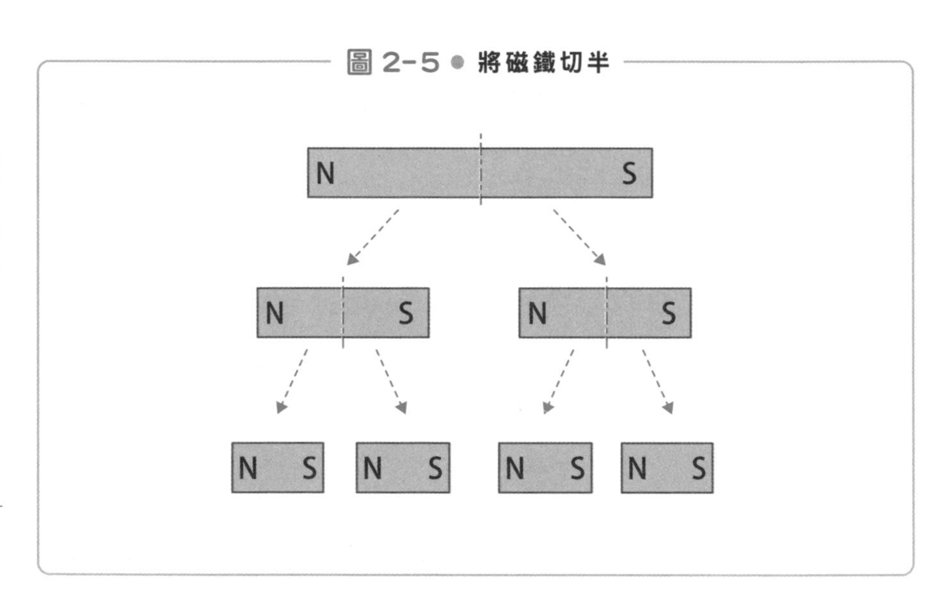

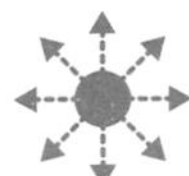

電力與磁力的關係

——電力產生磁力、磁力產生電力

電力與磁力的關係相當密切。這對現代人來說可說是理所當然的事，但其實一直到1820 年，丹麥的物理學家**奧斯特**才首次由實驗發現這個現象。

有一次，奧斯特偶然發現若將磁針（指南針）附近的電線通以電流，指南針就會大幅晃動，而在中斷電流後，磁針就恢復原狀，故可明顯發現這是由電流產生的作用。這個現象看起來就像是拿磁鐵靠近指南針一樣，故可想像到，通有電流的電線周圍應

圖 2-6 ● 通以電流時磁針會晃動

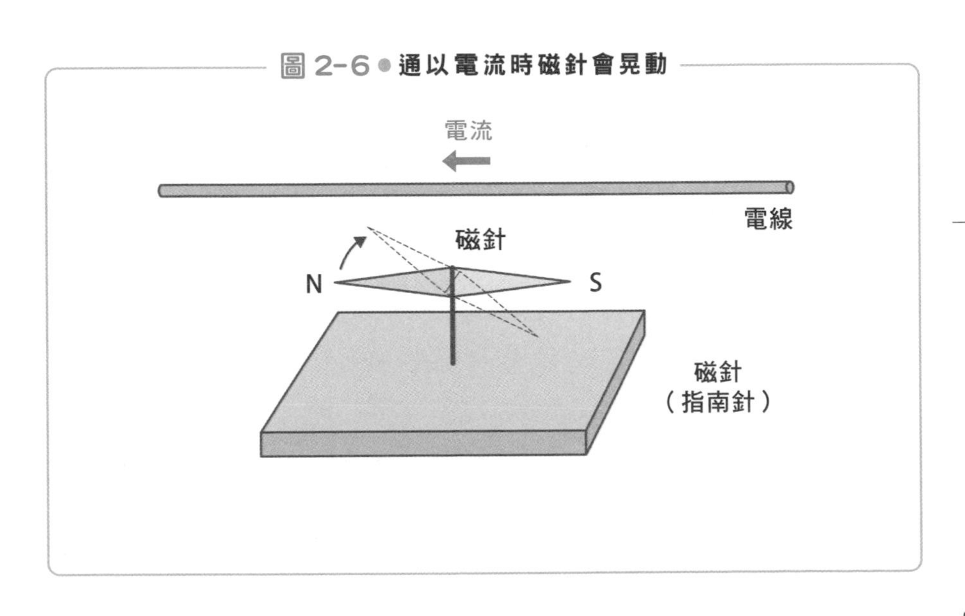

該產生了磁場（磁力線）。也就是說，奧斯特發現**不只是磁鐵，電流也可以產生磁場，故電力與磁力並非彼此獨立的現象，而是有著密切的關係**。雖然這項發現是個偶然，卻是一個世紀大發現。之後的歷史中也有不少這種大發現，但大多的契機都是偶然。

總之，我們知道電線通以電流後，周圍就會產生磁場。**而磁場的方向與電流的方向垂直，若電流往前，則電線上方的磁場便往右轉（圖2-7）**。換個方式來說，若電流的方向與往右轉緊的螺絲方向相同，那麼磁場的方向便與旋轉螺絲的方向相同，故日文稱為右轉螺絲定則，中文則稱為「**右手定則**」。

圖2-7 的電線為直線，但如果和圖2-8（a）一樣將電線捲成圓

圖 2-7● 電線上的電流所產生的磁場方向

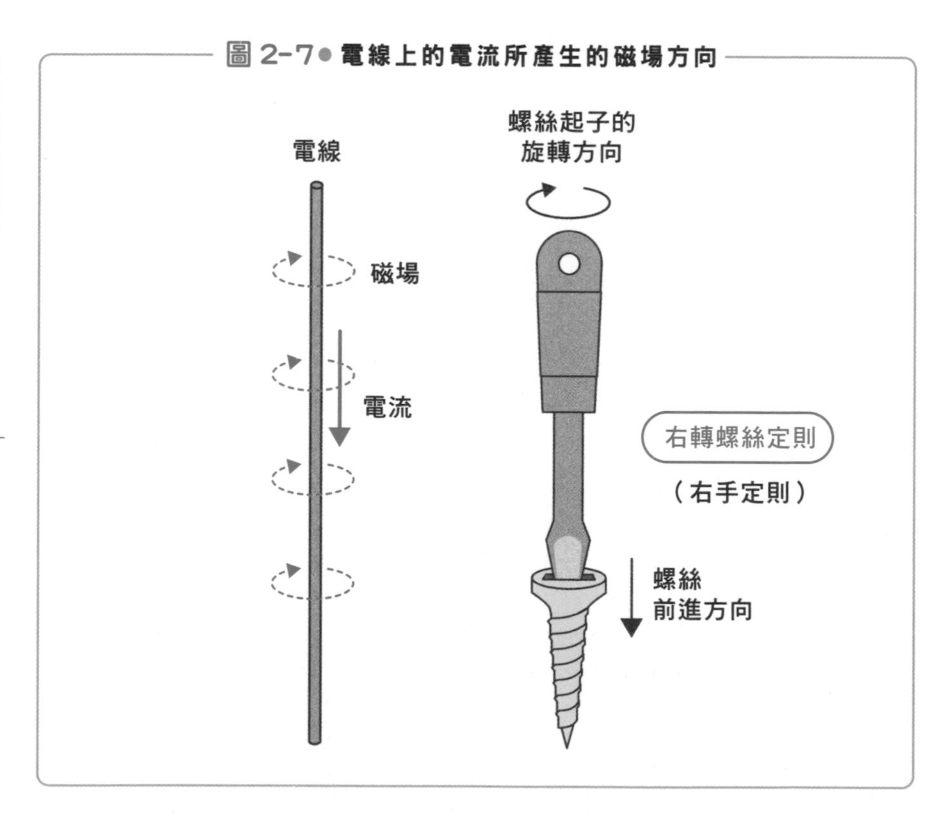

圈狀，並通以電流，由於在這個圓圈內側的磁力線朝向同一個方向，故磁場會變強。這時圓圈內的磁場方向為紙面的右下方往左上方延伸。若將電線繞好幾圈，形成線圈的樣子（圖2-8（b）），那麼磁力線的數量也會跟著增加，使磁場變得更強。

如果再把鐵棒放入線圈內，鐵棒就會被磁場磁化，變成磁鐵（圖2-8（c）），這就是電磁鐵。由這張圖可以看出，這個電磁鐵與圖2-1的永久磁鐵所產生的磁場完全相同。也就是說，就算沒有磁鐵，也可以用電力（電流）製造出與磁鐵完全相同的磁場。

法國的物理學家安培在聽說奧斯特的實驗之後，馬上開始研究電流的磁力現象。他將兩條電線平行排列並通以電流，如圖2-9

圖2-8 ● 以線圈製造出強力磁場

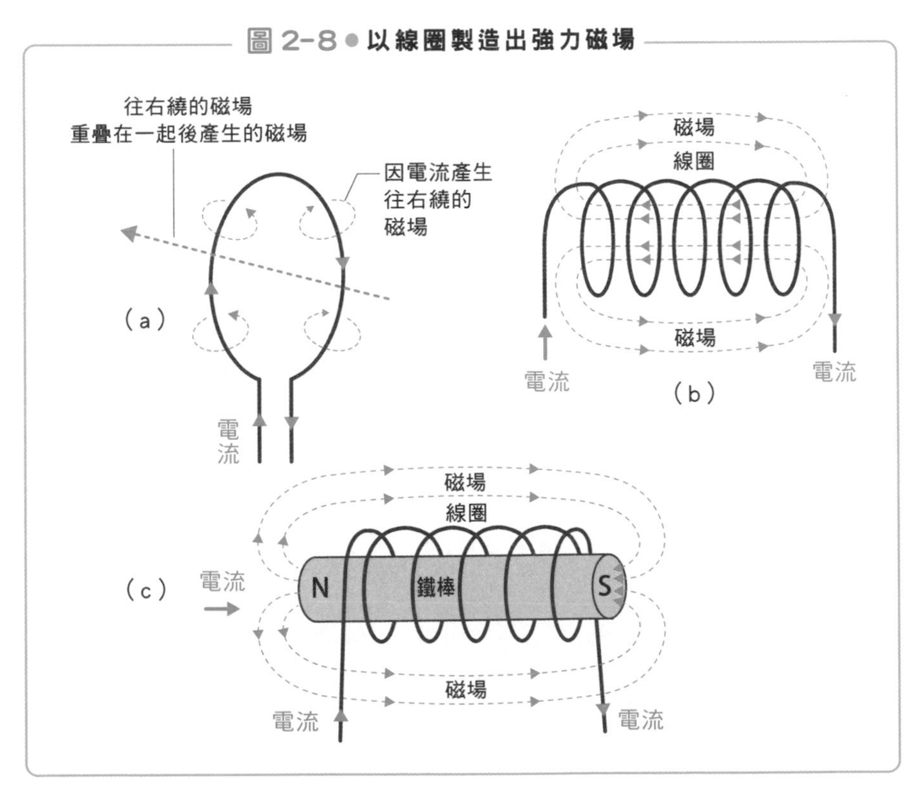

所示，他發現，若兩條電線的電流方向相同，則兩條電線會彼此吸引；若兩條電線的電流方向相反，則兩條電線會彼此排斥。接著他又測量出兩條電線間的作用力，並將得到的實驗結果整理成

圖 2-9 ● 安培的實驗

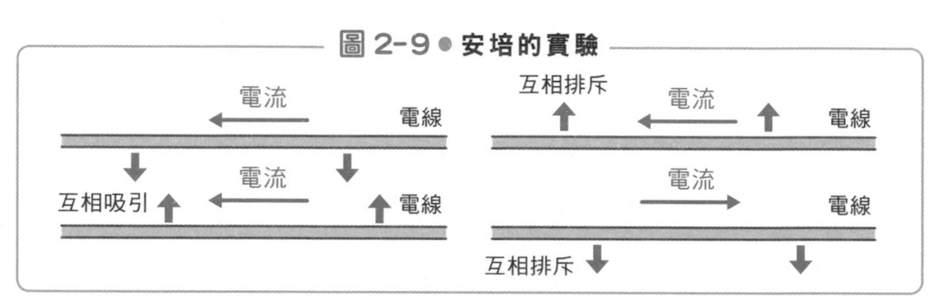

圖 2-10 ● 法拉第的實驗（1）

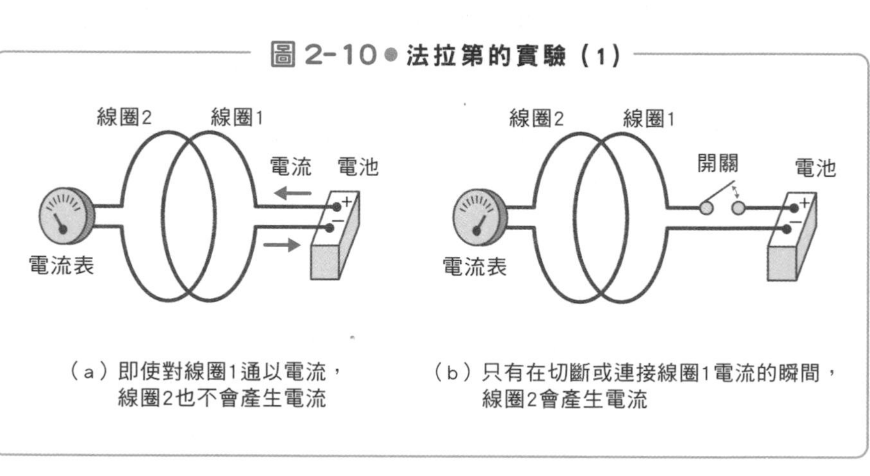

（a）即使對線圈1通以電流，線圈2也不會產生電流

（b）只有在切斷或連接線圈1電流的瞬間，線圈2會產生電流

圖 2-11 ● 法拉第的實驗（2）

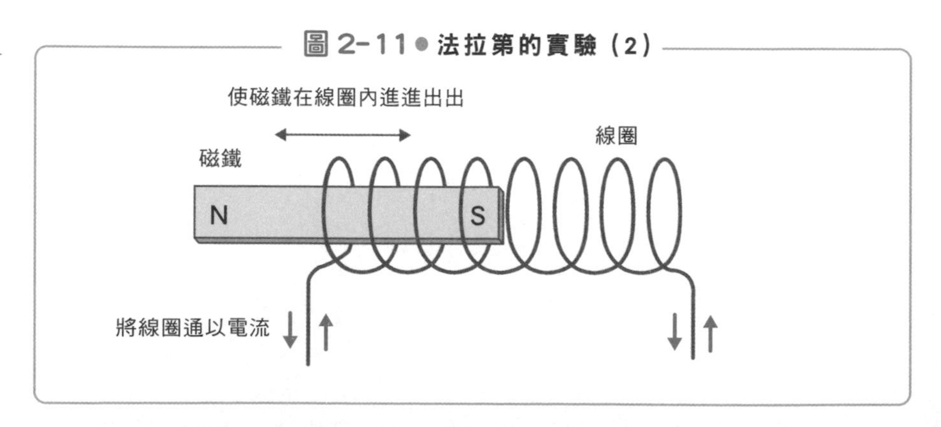

「**安培定律**」。

英國的**法拉第**在聽說了奧斯特與安培的實驗之後開始思考，如果可以由電流製造出磁場的話，那是不是也能反過來用磁場製造出電流呢？於是如圖2-10所示，他弄了兩個線圈，並試著將線圈1通以電流。此時線圈1的周圍會產生磁場，接著再將線圈2放入這個磁場內。如果磁場可以製造出電流的話，線圈2上應該會出現電流才對。然而，與線圈2相連的電流表指針卻沒有擺動（圖2-10（a））。這讓法拉第相當失望，但他不氣餒地又重複了好幾次實驗，後來他偶然發現在線圈1切斷電流的瞬間，或者是在線圈1通以電流的瞬間，與線圈2相連的電流表指針會擺動（圖2-10（b））。**這表示在磁場改變的瞬間會產生電動勢，使線圈產生電流**。由於電動勢為產生電流的原因，故也可將其想像成電壓。

接著如圖2-11所示，若將磁棒靜置於線圈內的話，線圈並不會產生電流。但如果使磁棒在線圈內進進出出，與線圈相連的電流表指針就會擺動，表示線圈有電流通過。故我們可以得知，當我們移動磁棒，使磁場隨時間改變時，就會產生電動勢，使線圈產生電流。

這裡有個重點。由於磁場方向與電動勢方向垂直，故線圈的電線也應該要與磁場方向垂直，線圈內才會產生電流。**若磁場會隨時間改變，則會產生電動勢——這就是法拉第著名的「電磁感應定律」（1931年）**。而且，若磁棒的移動速度愈快，也就是磁場的變化速度愈快，則產生的電動勢也會愈大。

電流可分為直流電與交流電。直流電的電壓（以及電流）會保持一定，交流電則如圖2-12所示，電壓（電流）會在正負之間來回變動。代表性的交流電如日本一般家庭中，電壓100伏特、頻率50Hz或60Hz的插座。其波形就如圖1-2（第14頁）般為正弦波。

如果圖2-10的實驗中，線圈1的電流是交流電的話，那麼線圈1周圍所產生的磁場便會與線圈上的電流一樣，強度有週期性的變化，而隨時間改變的磁場便會使線圈2產生電動勢，進而產生交流電才對。可惜的是，法拉第那時候還沒有交流電，故沒辦法觀

圖2-12● 交流電的波形

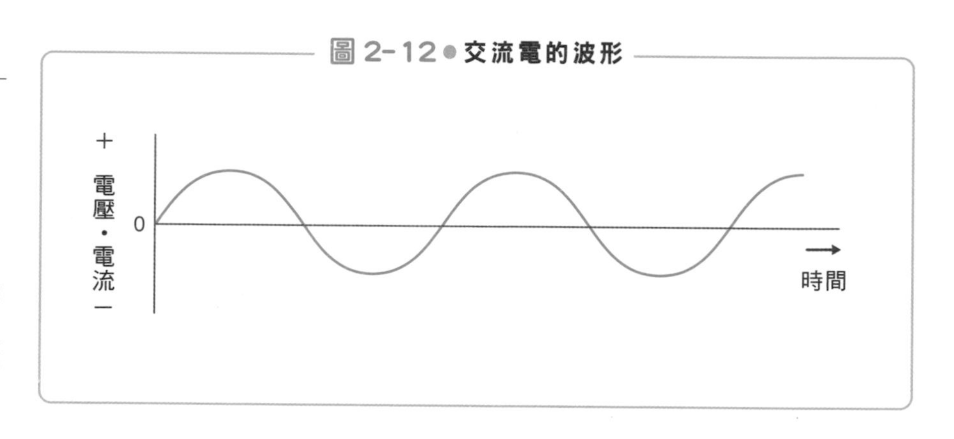

圖2-13● 若將線圈1通以交流電則線圈2亦會產生交流電

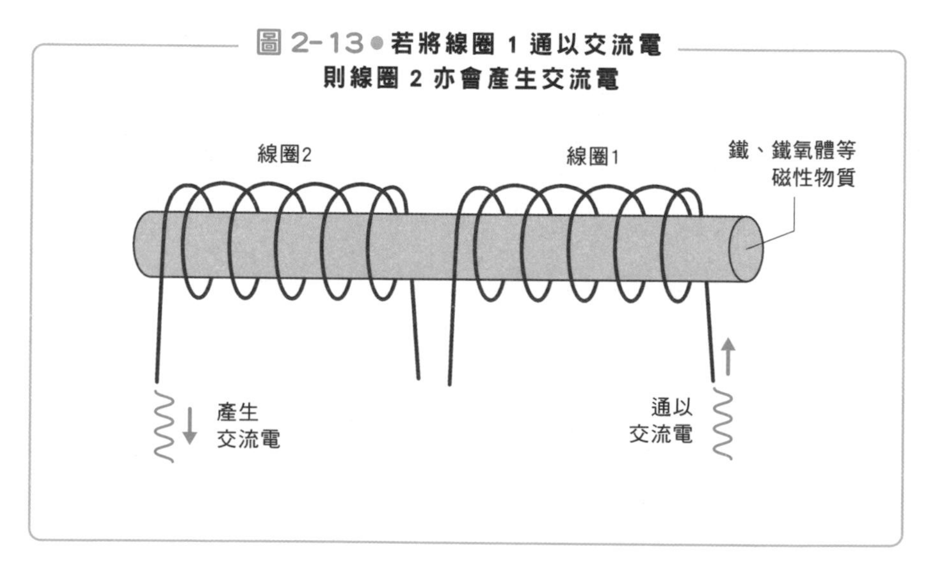

測到這樣的現象。

如圖2-13 所示，若在由鐵或鐵氧體之類容易磁化的物質所製成的棒狀物上纏繞兩個線圈，並在線圈1 上通以交流電，那麼由鐵或鐵氧體製成的棒狀物就會被磁化，其磁場的大小與方向則與電流強度成正比。而這個磁場的變化會使線圈2 產生與線圈1 的電流相同頻率的交流電。也就是說，線圈1 與線圈2 的電線雖然沒有直接相連，但可藉由「線圈1 的電流→磁場→線圈2 的電流」的過程影響線圈2。

以奧斯特的實驗為始，經過安培與法拉第的實驗與研究後，人們逐漸瞭解到電力與磁力之間的關係，這與近代人們對電力的應用密切相關。如下一節所述，藉由這些研究成果，之後更進一步確立了電波（電磁波）的理論。

馬克士威的預言

——光也是一種能在真空內前進的電磁波

前面提到，赫茲發現了電波，並相信這就是電磁波。而預言電磁波存在的，則是英國的理論物理學家馬克士威。

馬克士威在 1864 年時，蒐集了之前所有與電場和磁場之行為有關，以及與電力和磁力間的交互作用有關的規則，並以數學的方式解釋，將其整理成四個公式發表出來，稱為「**馬克士威方程式**」，如圖2-14 所示。這個馬克士威方程式相當困難，連許多主修電機、電子工程的大學生都要花點時間才能理解。據說對當時的學者們來說，這個方程式實在過於困難，沒什麼人能看得懂。

因為這些方程式真的比較困難，故本書不會詳細解說這些方程式。不過，我們仍會稍微介紹這四個方程式想表達的概念。

首先來說明這些方程式裡出現的符號。

E為電場的強度、***H***為磁場的強度、***i***表示電流的大小。式中的***E***、***H***、***i***皆以粗體字表示，這是因為它們是向量。這種寫法可以用一個符號同時代表大小與方向（座標的x、y、z方向），是很方便的表現方式。

ρ（希臘字母，讀做rho）表示產生電場的電荷密度。*ε*（希臘字母，讀做epsilon）表示物質的電容率。電容率是一種與電力有

圖 2-14 ● 馬克士威方程式

$$\mathrm{div}\,\boldsymbol{E} = \frac{\rho}{\varepsilon} \quad (1)$$

$$\mathrm{rot}\,\boldsymbol{E} = -\mu\frac{\partial \boldsymbol{H}}{\partial t} \quad (2)$$

$$\mathrm{div}\,\boldsymbol{H} = 0 \quad (3)$$

$$\mathrm{rot}\,\boldsymbol{H} = \boldsymbol{i} + \varepsilon\frac{\partial \boldsymbol{E}}{\partial t} \quad (4)$$

$\boldsymbol{E}$：電場強度
$\boldsymbol{H}$：磁場強度
$\boldsymbol{i}$：電流密度
ρ：電荷密度
ε：電容率
μ：磁導率

關的性質，每種物質的電容率皆不同。μ（希臘字母，讀做mu）表示物質的磁導率。磁導率是一種與磁力有關的性質，每種物質的磁導率皆不同。t 代表的是時間。div（divergence：散度）與rot（rotation：旋度）則是方程式所使用的計算符號。

馬克士威的方程式中，包含了與時間 t 有關的偏微分方程。這裡是對時間微分，表示電場或磁場對時間的變化量。請各位試著回想一下前一節，法拉第的電磁感應定律中曾提到，要是磁場沒有隨時間改變的話，就不會產生電動勢。磁場沒有隨時間改變，就表示微分的值為0，因此不會產生電動勢，即相當於圖2-14 的第2 式。該式亦指出，若磁場不會隨時間改變，那麼會產生電場的電流就必須為0。之所以會用到微分，是因為要用來表示使用交流電時會產生的現象。

接著，就讓我們來一一說明馬克士威方程式吧。

第1 式的意思是，若存在電荷（ρ），則會像圖2-4（d）（第79 頁）般，該電荷會往周圍發散（div）產生電場。

第2 式則表示，若磁場隨時間而變化，則其周圍會產生電場。

這條公式可對應到法拉第的電磁感應定律（參考第85 頁）。等號右邊寫成磁場對時間微分的形式，這表示磁場會隨著時間改變。rot表示電場旋轉的方向會與等號右邊之向量垂直，並遵守右手定則。但等號右邊還有一個負號，這表示電場方向會垂直於磁場方向，並與右手定則得到的方向呈反方向。

第3 式指出，從N極射出的磁力線必定會回到S極（div為0，即不會往周圍發散）。這表示不存在單一N極或單一S極的磁鐵。與圖2-1 及圖2-5（第80 頁）互相對應。

第4 式則表示，當電流通過時，會產生感應磁場，可對應到安培定律（參考第84 ～ 85 頁）。等號右邊的第一項為此時電線等導體內的電流，第二項則代表在沒有電線的空間內流動的電流。這種在空間內流動的電流，又叫做「**位移電流**」。

位移電流是一個比較少聽到的詞。不過如果是對電路有點研究的人，應該知道若將一個由兩片平行金屬板組成的電容通以交流電的話，仍可使交流電的電流流過。雖然金屬板之間什麼都沒有，我們卻可想像這個空間內有交流電的電流流過，這就叫做位移電流（圖2-15 右側的圖）。公式中，等號左邊以磁場向量$\boldsymbol{H}$的旋度rot來表示感應磁場，rotation（旋轉）在物理上指的是在一個迴圈上旋轉的意思，這表示磁場會以迴圈狀的樣子出現。圖2-15 畫出了這個樣子。

而馬克士威最偉大的地方，就在於他以這四個方程式為基礎，預言了電磁波的存在。

由馬克士威的方程式可以導出電場與磁場的波動方程式。解出這個波動方程式後，可看出波會隨著時間往前移動，且維持波

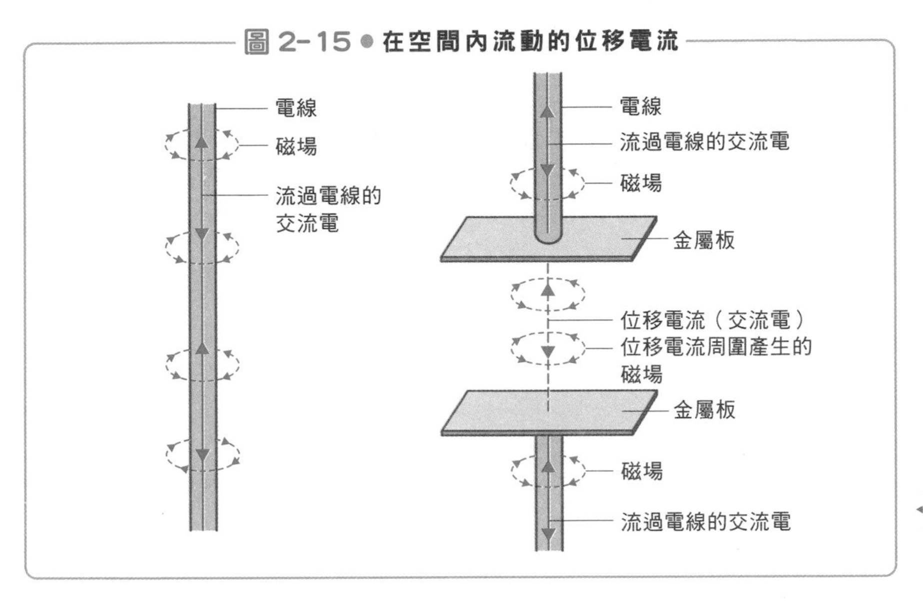

圖 2-15 ● 在空間內流動的位移電流

形不變。由於磁場與電場亦存在於真空中，故這個方程式所導出來的波也可在真空中傳遞。**公式推導出來的電磁波速度，由電磁波行經之介質的電容率ε及磁導率μ決定，而計算結果發現電磁波的速度與當時所知道真空中的光速幾乎相同。故馬克士威指出，光也是一種電磁波**。

馬克士威雖然在理論上預言了電磁波的存在，但他卻沒能確認到電磁波的存在，便於1879 年時死亡。直到馬克士威死後九年的1888 年，赫茲才藉由實驗確認電磁波的存在（參考第10 頁）。

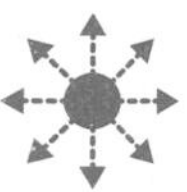

電磁波是電波與磁波糾纏在一起所形成的波

——360度往外擴張前進

如圖2-14（第89頁）所示，馬克士威所提出的電磁波可由馬克士威方程式導出，而產生電磁波的過程可如下簡單說明。

（1）電線通以交流電後，其周圍會產生磁場。這個磁場的強度與方向則由電流的性質決定。

（2）隨時間改變的磁場可誘發感應電場。

（3）感應電場可誘發感應磁場。

（4）感應磁場再誘發感應電場。

如此持續重複下去，以圖像來表示就如圖2-16。由此可以看出，空間內，電場與磁場的迴圈會一直連接擴展出去。

圖2-16雖然可看出磁場與電場交互出現的樣子，不過這只是為了方便理解而畫出來的圖。事實上，磁場與電場皆是如圖2-17般，在空間內以連續的波往外傳播。而電場的波峰會與磁場的波峰位置一樣。

解出馬克士威的方程式後，可以看出電場與磁場會成對，一邊振動（強度會隨著時間波動）一邊在空間中傳播出去。而電場與磁場的振動方向垂直，前進方向亦與兩者的振動方向垂直。圖2-16、圖2-17中，電場與磁場的波皆只朝著單一方向前進，但實際上電磁波會以金屬棒為中心，往360度的方向擴散出去。也就是說，金屬棒就相當於天線一樣。

像這樣將電力與磁力合而為一，以全新的理論預測電磁波的存在，且一併解釋過去認為與電力或磁力無關的光的現象，統一了各種理論，開拓出新的道路，就這層意義而言，馬克士威的理論可說是劃時代的壯舉。

圖2-16●流經金屬棒的電流可在空間中產生磁場與電場

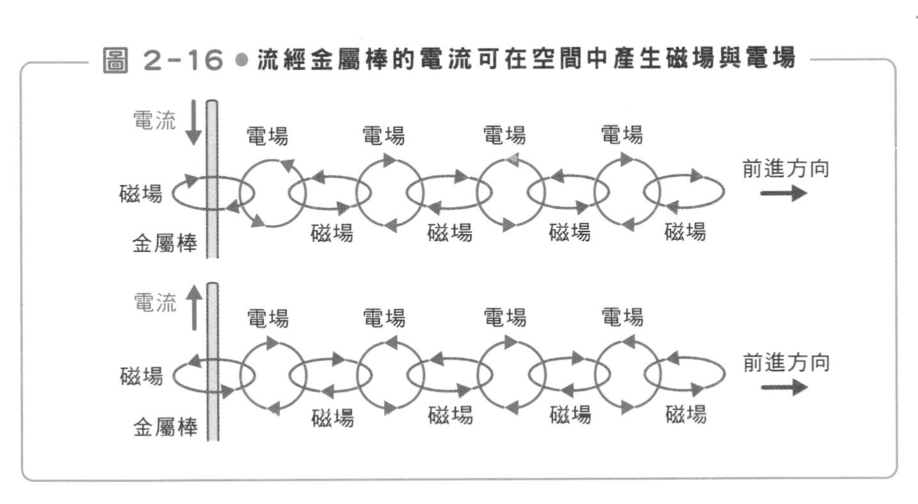

圖2-17●由電場的波與磁場的波組合而成的電磁波

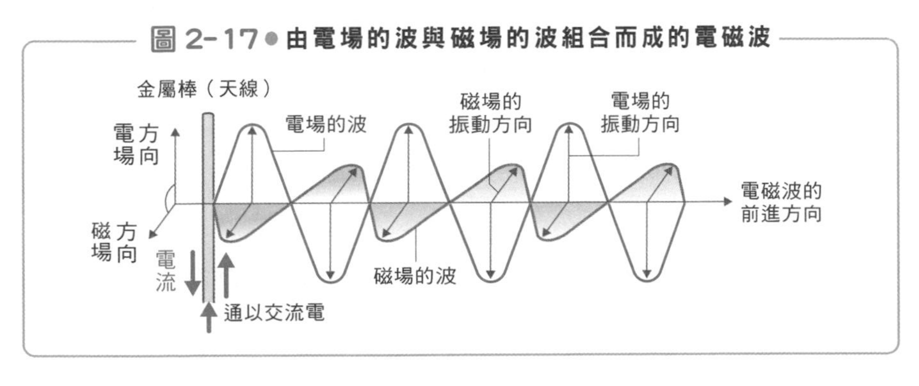

電磁波的極化波是什麼？

——手機所使用的是垂直極化波、電視所使用的是水平極化波

由圖2-17（第93頁）可以看出，由金屬棒（天線）發射之電磁波（電波）的電場振動方向，與金屬棒上之電流方向相同。像這種電場只有單一方向的電磁波，又稱為極化波。如圖2-18所示，若電波的電場振動方向與大地垂直的話，就稱為「**垂直極化波**」；

圖2-18●電磁波的極化波

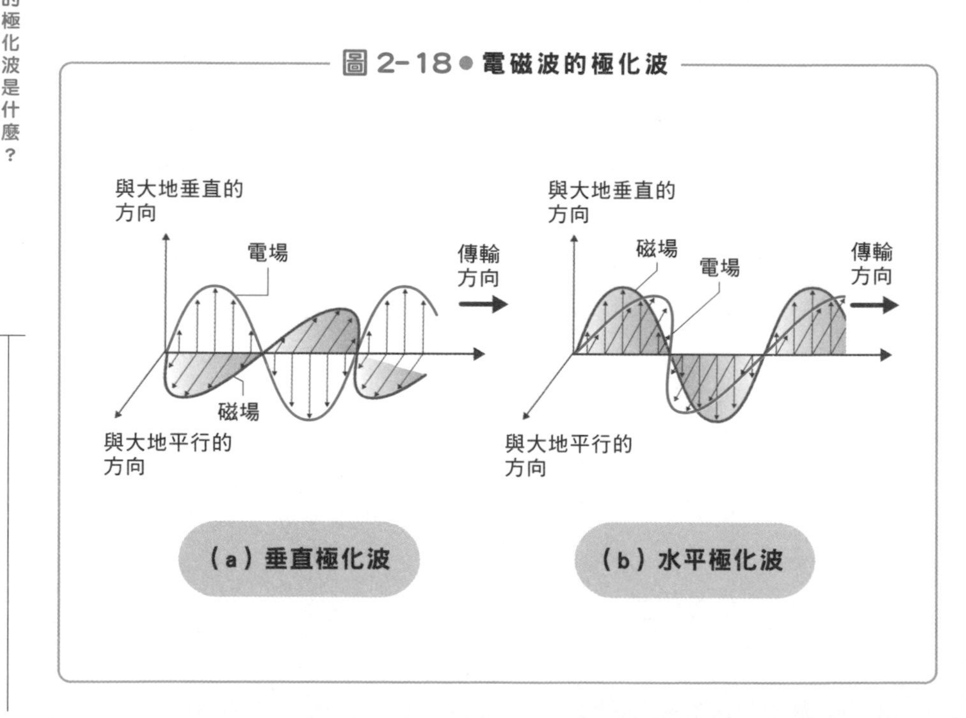

若振動方向與大地平行的話，就稱為「**水平極化波**」。

如圖2-17所示，由產生電磁波的方式可以看出，當通以電流的金屬棒（或者是電線）與大地垂直時，周圍磁場的振動方向為水平、電場的振動方向為垂直，也就是垂直極化波的電波。此時，金屬棒可作為天線，往360度的方向發射出電波。而在接收這種垂直極化波的電波時，如圖2-19（a）所示，接收用的天線也必須垂直立於大地才行。如果水平架設天線的話，垂直極化波的電波會直接穿過天線而不會被接收（實際上仍可接收到部分電波，但訊號會很差）。

手機是使用垂直極化波傳輸的代表性例子。走在街道上或郊外，可以看到建築物的屋頂上或鐵塔上，有手機業者架設的基地台天線。通常以三個天線為一組，同時朝三個方向發射電波，而

圖2-19●垂直極化波與水平極化波的電波

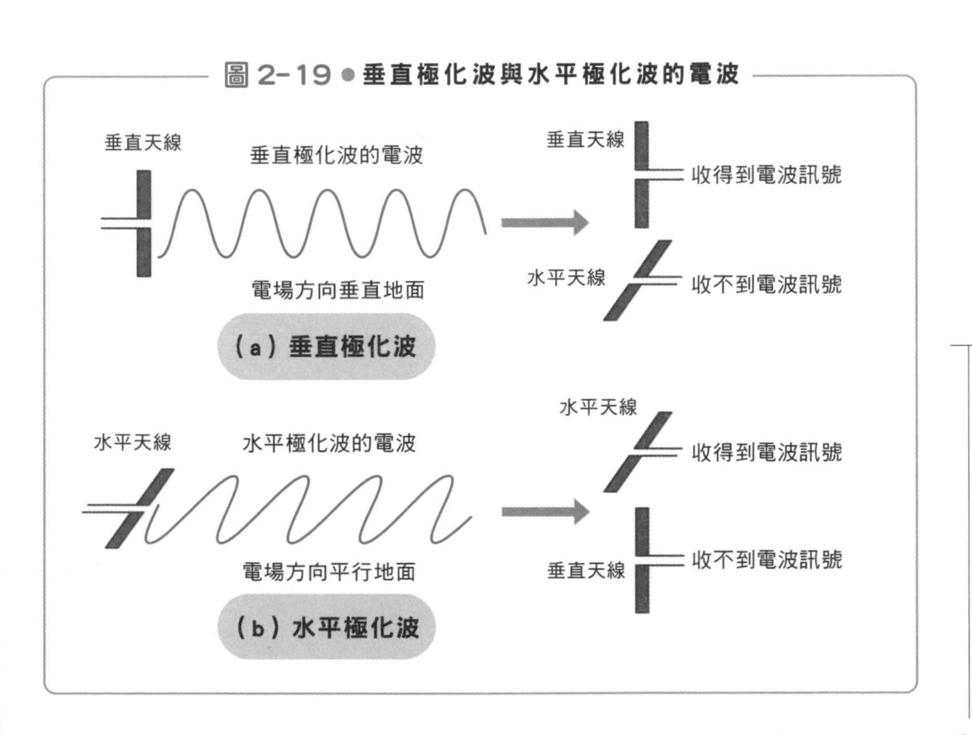

每一個天線皆與地面垂直，如照片2-1所示。由此可以看出，這個天線所發射的電波為垂直極化波。

然而作為收訊端的手機，其拿著的方向卻不固定，天線無法隨時保持垂直於地面的樣子。故手機內部會裝有兩個彼此垂直的天線，使至少其中一個天線可以有比較好的收訊。

水平極化波的電波如圖2-19（b）所示，是由與大地平行的天線發射出來的。而要接收水平極化波之電波的天線，則必須與大地平行。如果與大地垂直的話，電波會直接穿過去而不會被接收（與垂直極化波的狀況相反）。

電視訊號的電波是使用水平極化波傳輸的代表性例子。電視塔的訊號發射天線結構相當複雜，難以理解，不過只要看看一般家裡屋頂立的天線就簡單多了（第65頁的照片1-1）。電視訊號的收訊天線是由數條水平的金屬棒所組成，這是為了讓天線在接收來自電視塔的電波時能更為靈敏，故會使天線的金屬棒與地面平行。由此可以看出，電視訊號的電波為水平極化波。

照片2-1 手機基地台的天線
這三個白色圓筒內分別裝設著垂直天線。

馬克士威指出光也是電磁波，這表示光也有所謂的極化波存在，而光的極化波特稱為**偏振光**。

太陽光與電燈的光是由各種振動方向的光混合而成（圖2-20（a））。這種光在通過偏光板時，只有某個振動方向的光能透過去（圖2-20（b））。偏光板是由某種具方向性的結晶製作而成，而結晶的特殊結構可以只讓朝某個方向振動的光通過。所以當光通過偏光板時，只有某個振動方向的光可以通過，其他振動方向的光則會被吸收。透過偏光板的光，其振動方向偏向單一方向，故稱為偏振光。

當光線被水或玻璃等表面反射時，也會產生偏振光。舉例來說，池塘或河流表面只會反射橫向偏振的光線（與水面方向平行）。若想在太陽的照射下拍攝池塘裡的魚，常會同時拍到水面

圖 2-20 ● 光的偏振光

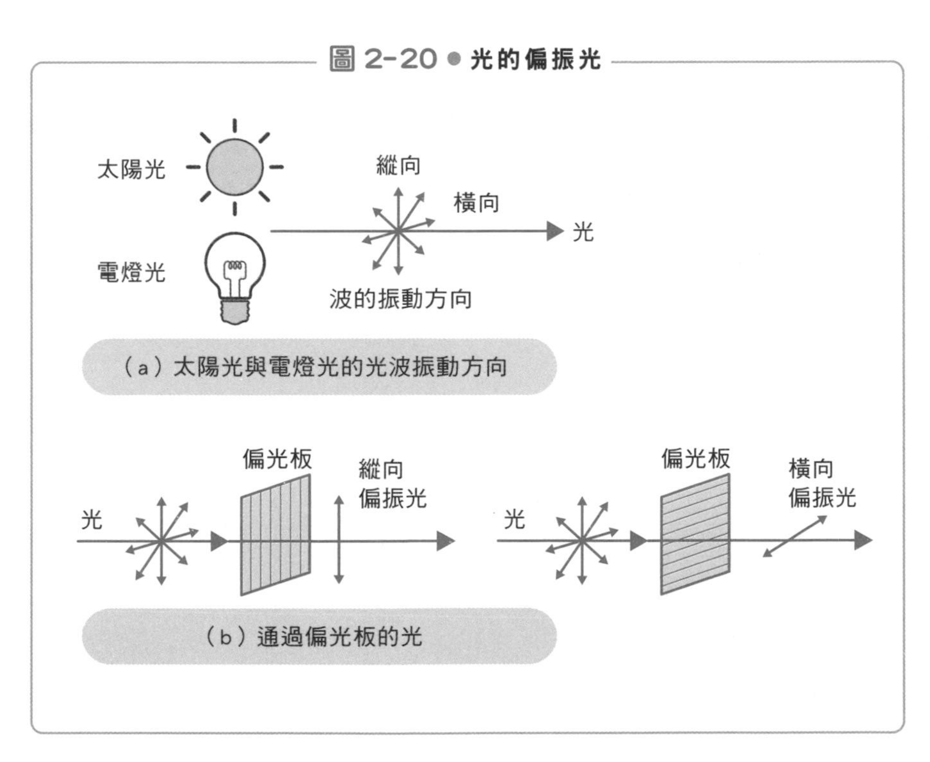

反射的景色。不過由於反射光是偏振光，故只要在相機上加個偏光鏡擋掉反射光，就能使池塘裡的魚拍起來更清楚（圖2-21）。

由這種現象也可以看出，光是馬克士威所提出之電磁波的其中一種。

圖 2-21 ● 偏光鏡可以擋掉多餘的反射光

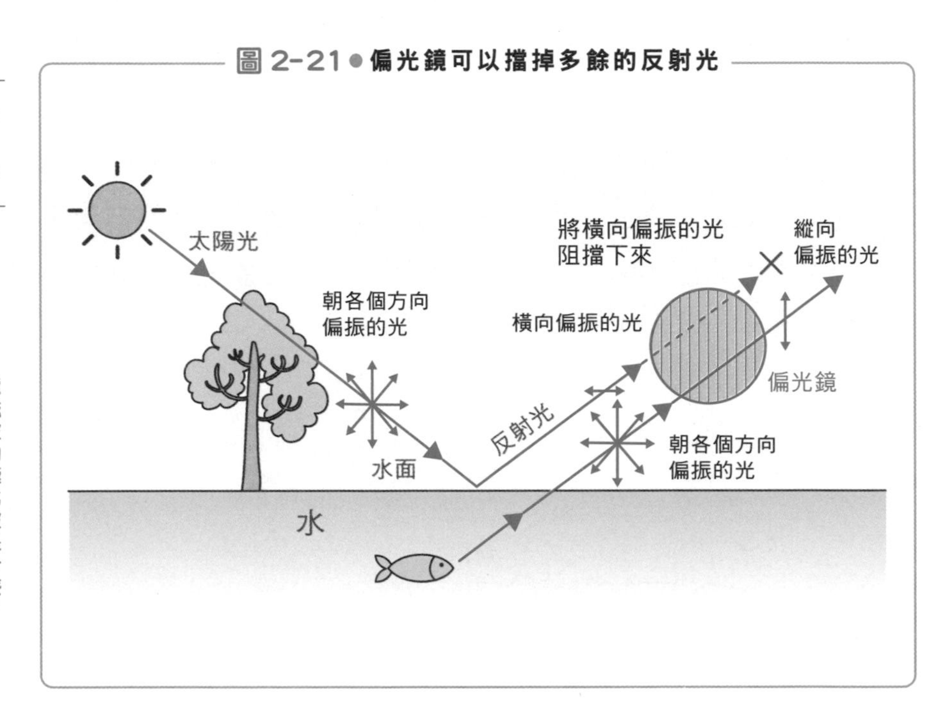

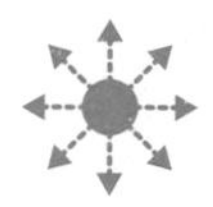

電子的振動會產生電磁波

——溫度提升時會產生電磁波

那麼電磁波又是如何產生的呢？答案是，**電子振動時就會產生電磁波**。

如第93頁所述，若將天線通以交流電，就可使之放射出電波。交流電的電流大小與流向會來回改變，使電線或金屬棒等導體內的電子來回移動，正是我們這裡說的電子振動。而電子的振動，會在空間中產生電波（電磁波）（圖2-22）。交流電的頻率愈高，電子的振動速度就愈快，可產生頻率更高的電磁波。

雖然我們說電子振動時就會產生電磁波，但若要說得更精確一些，應該要說**帶電粒子移動時就會產生電磁波**才對。帶電粒子即為帶有電荷的粒子，電子（帶有負電荷的粒子）自然屬之，原子核中的質子（帶有正電荷的粒子）或離子也是帶電粒子。而這裡說的「移動」並不包含等速運動，而是指像振動這種，以及會改變速度或運動方向（有加速度）的移動。圖2-22中電子會上下運動，方向一直在改變，因此會產生電波。

不是只有交流電能產生電磁波。有溫度的物體或多或少都會放射出電磁波。所謂的溫度，就是原子、分子的振動。原子與分子會在熱的影響下旋轉、振動。而原子與分子內的電子或質子，就會在這樣的振動下發出電磁波（圖2-23）。溫度愈高，表示原子與分子的運動就愈激烈。

物體是由數量龐大的原子構成，而原子是由帶正電的原子核與環繞在其周圍、帶負電的電子所組成（參考第159頁的專欄）。**物體受熱時，原子會激烈振動，原子核與電子也會跟著振動。而較輕的電子又特別容易振動，故溫度提升時會因為電子的振動而產生電磁波**。

而電磁波的波長，則是由電子以多快的速度振動決定。物體的溫度愈高，電子的振動也會愈激烈，產生波長愈短的電磁波。若物體的溫度在某個溫度以上，其所發射出來的電磁波波長會進入可見光的範圍，因此當物體超過這個溫度時，該物體就會發出

圖2-22●振動的電子可放射出電磁波

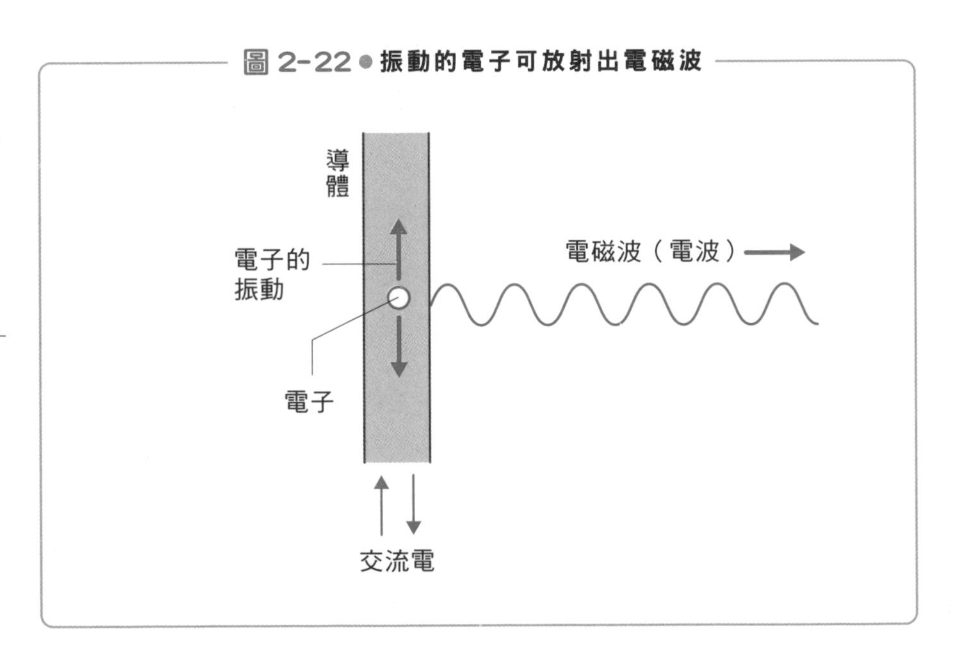

眼睛可見的光。

我們將在第3章中詳細說明，溫度使電子振動後，會如何產生出電磁波。

圖 2-23 ● 原子、分子的熱運動可產生電磁波

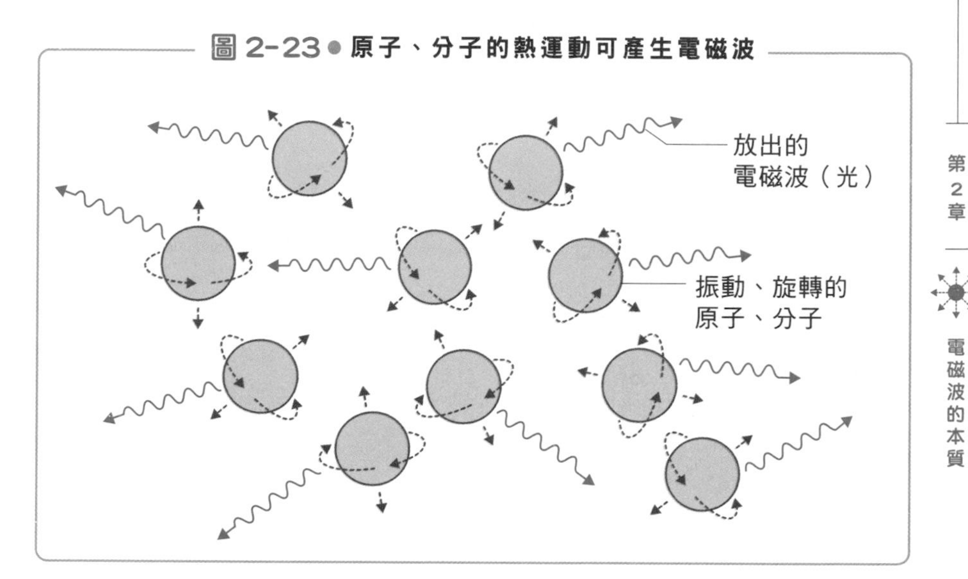

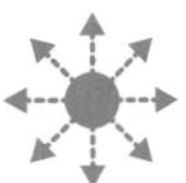

電磁波可讓電子振動

——電波如何將水加熱

如前一節所述，電子振動時會產生電磁波，不過，我們也可以反過來用電磁波使電子振動。這是因為電磁波是電場的振動，當電磁波抵達時，電子等本身帶有電荷的粒子（帶電粒子）會隨著電場的振動而來回擺動。雖然原子核內的質子也帶有電荷，但因為質子的質量為電子的1800倍，比較難動得起來，故我們只要考慮電磁波使電子振動的部分就可以了。

如圖2-24所示，當電波接觸到天線時，隨著電波（電磁波）之電場強度的變化，天線等導體（電線、金屬棒）內的電子也會跟著來回擺動。當電子移動時，便會產生電流。天線就是靠這種機制將電波轉換成電流以接收訊號。

另外，電波也可以使水分子來回擺動。水分子（H_2O）的結構有些特別，是由一個氧原子（O）與兩個氫原子（H）所組成，形狀如圖2-25（a）所示。此時由於氧原子帶有負電，氫原子帶有正電，故這種形狀的水分子，其正負電荷的分布並不均勻，就會如圖2-25（b）般存在**偶極**。所謂的偶極，指的是等量的正電荷與負電荷成對存在的狀態。

一般狀態（沒有外部電場的狀態）下，分子偶極會如圖2-25

（c）一般，朝著各個方向散亂分布，整體則呈現正負零（電荷沒有特別的方向）的狀態。不過，如果從外部加上一個電場，偶極便會被電場拉正，如圖2-25（d）一般，全部與電場朝同一個方向。若電場的方向會交替變化的話，偶極的方向也會跟著交替變化。

由於水分子存在偶極，故當電場方向改變時，水分子會跟著旋轉（圖2-25（e））。交流電所產生的電場，電場方向會持續改變，故水分子也會在電場的影響下一直轉來轉去。若我們對水分子施以高頻率的電場（即電磁波），當電場反轉時，存在偶極的水分子也會跟著旋轉、振動（圖2-25（f）），於此同時，水分子之間會互相摩擦生熱。電波之所以無法在水中傳播，就是因為電波的能量會在這種機制之下被水吸收。

圖 2-24 ● 電磁波可使導體內的電子振動

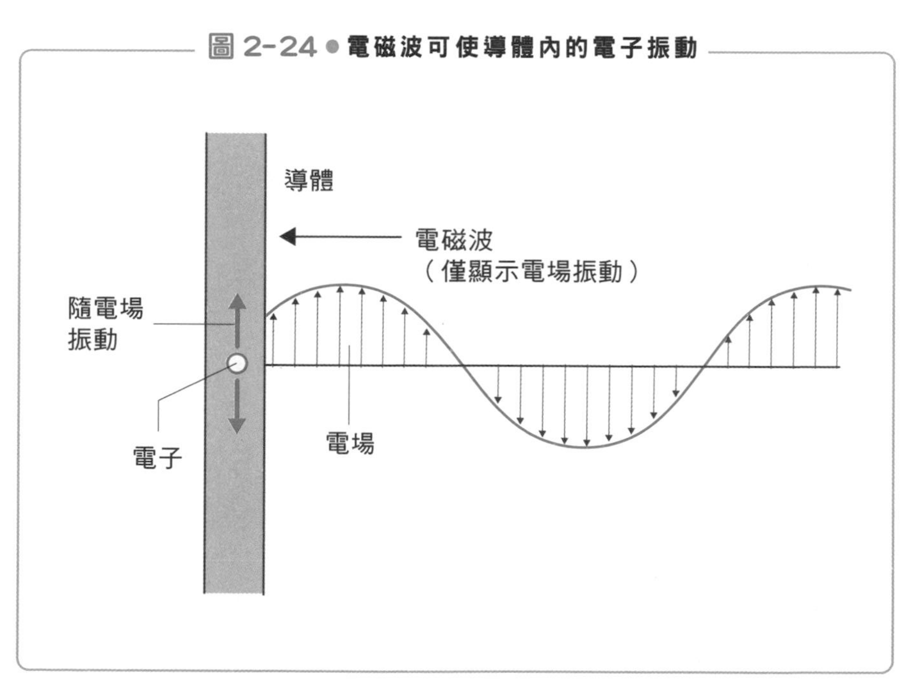

圖 2-25 ● 電磁波如何使水分子運動

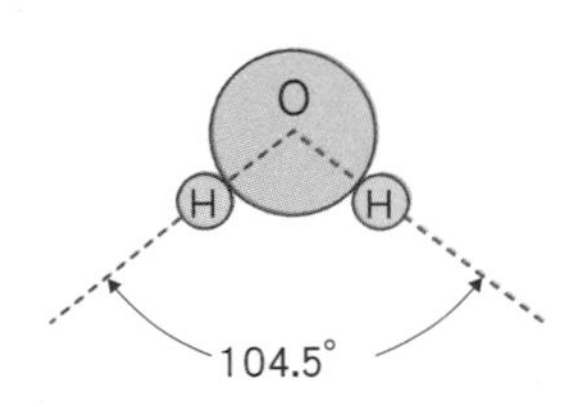

(a) 水分子的結構

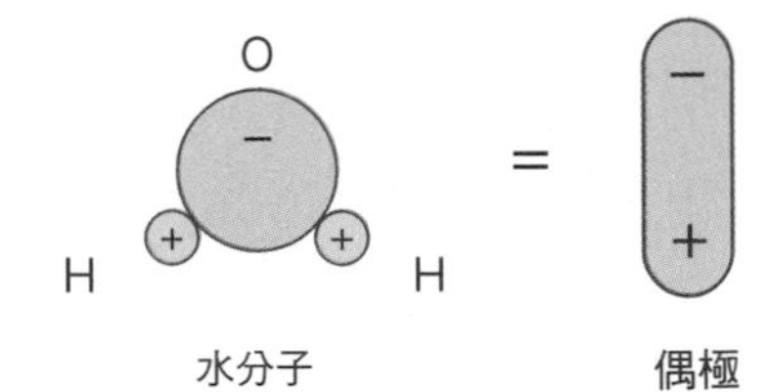

(b) 水分子存在偶極

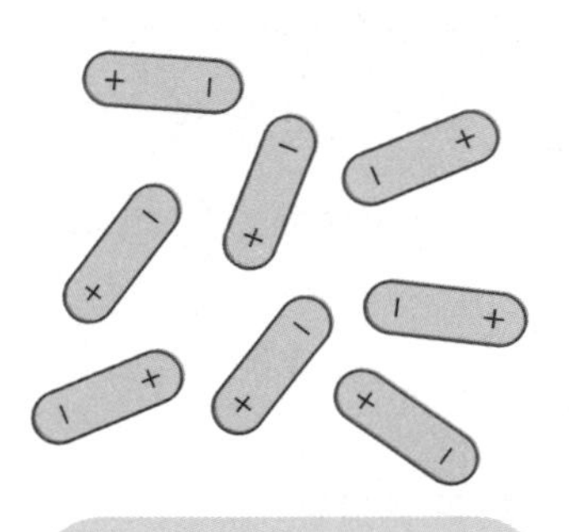

(c) 在沒有電場的情況下，偶極會朝各個方向散亂分布

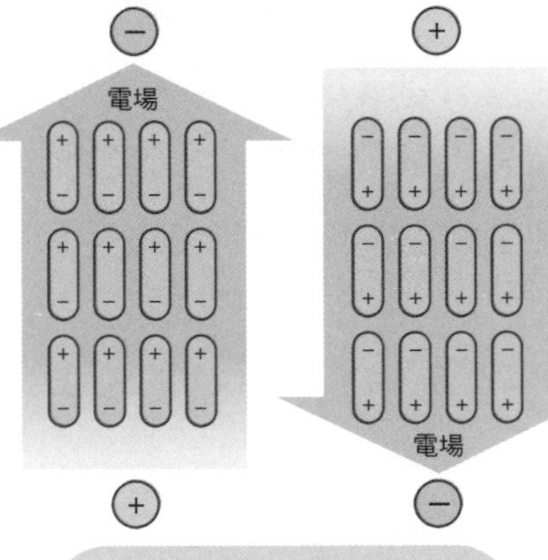

(d) 偶極在電場中會朝著同樣的方向

電場方向

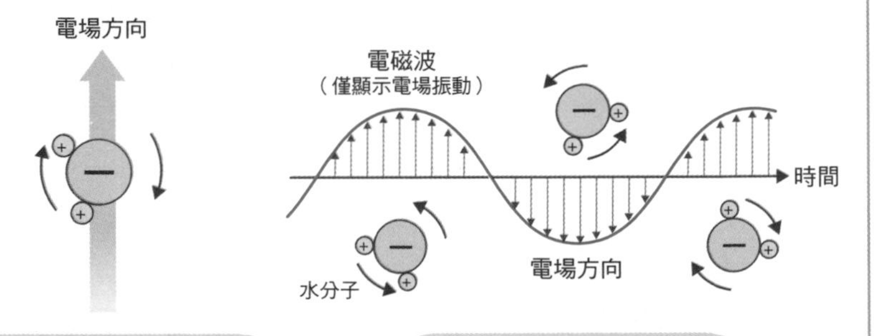

(e) 水分子會在電場的作用力下旋轉

(f) 水分子會在電磁波的影響下振動、旋轉

微波爐就是藉由這個原理，以電波將水加熱。微波爐使用的是2.45GHz左右，接近微波（SHF）的高頻率電波，水分子會吸收這個頻率的電波，再將之轉換成熱能，使溫度上升。透過前述的說明各位應該可以理解，換言之，微波爐是藉由提高水的溫度來加熱物體，如果物體不含水分的話，便無法以這種方式加熱。

光是電磁波的一種，故光也可以讓電子振動。當人眼可見的光線進入眼睛時，會接觸到視網膜細胞內的某種分子，而分子內的電子在照到光之後會開始振動，將「接收到光的刺激」這個訊息經由視神經傳送到大腦，使我們能夠看到東西。

光之中的紅外線也可以讓物質中的許多種分子振動。分子的振動就代表著溫度，振動愈激烈，溫度就愈高。就像紅外線暖爐的原理一樣，物體在紅外線的照射下溫度之所以會提高，就是因為物體內的分子振動的緣故。

綜上所述，電磁波就是由成對出現的電場振動與磁場振動組成，可在空間中傳播的波。而電子這類帶有電荷的粒子會受到電場與磁場的影響。**也就是說，電磁波是可以讓電子（帶電粒子）振動的波。當電磁波使物質內的電子等粒子振動時，物質會吸收電磁波的部分能量（或者是全部的能量）**。

2-8 電磁波對人體的影響

——對心律調節器的影響

隨著手機與電腦的普及，許多人也開始擔心這些電子產品所產生的電磁波會不會對人體有不良影響。

如前一節所述，電磁波能使電子振動，故當人類暴露在強烈的電磁波下時，有可能會使人體內的電子激烈地運動並產生大量熱能，使身體內部溫度上升；或者會產生電流刺激，使神經與肌肉興奮等，連帶出現各種生理反應。目前我們已累積了許多與電磁波的熱作用及電刺激作用相關的研究，對於電磁場的強度（電場強度）與這些作用之間的因果關係，已經掌握到一定程度，並定量出人體受到的影響。

這些研究結果顯示，產生熱作用的電磁波（電波）以頻率在100kHz以上的高頻電磁波為主，產生刺激作用的電磁波則以100kHz以下的低頻電磁波為主，除此之外，沒有證據顯示其他作用會對人的健康產生影響。於是有關單位以這些電磁波的熱作用、刺激作用之研究成果為依據，設定50倍的安全係數，製作了一般環境下的電波防護指南，如圖2-26。

我們的生活周遭充滿了各種由收音機、電視訊號、手機等產生的電波，不過這些電波的強度皆在我們設定之基準等級的數分之一～數十分之一，甚至更低，如圖2-26 所示。故我們可以說這些電波不會對人體造成影響。

另外，紫外線、X射線、γ 射線等（參考第3 章）被稱為游離輻射的電磁波可能會影響基因，甚至致癌，故法律有規定每個人一年內的游離輻射容許劑量。

手機電磁波對人體的影響中，最需注意的應該是電磁波對心律調節器的影響。在日本的電車或公車等大眾交通工具內，我們常可看到「在博愛座附近，請關閉手機電源」這樣的注意事項。這是因為手機所發出的電波，可能會對植入型心律調節器有不良影響。

病患體內的心律調節器由精密的電路組成，並以電腦控制其產生脈衝，如圖2-27 所示。其運作方式為：①偵測由心臟的肌肉所釋放出來的電訊號，②監視並分析心臟的心室跳動速度是否規律，③依照預設的程式產生電脈衝，送至心房與心室，刺激心肌產生動作。若手機的電波接觸到心律調節器，可能會導致作用中

圖 2-26 ● 人體的電磁波安全基準等級

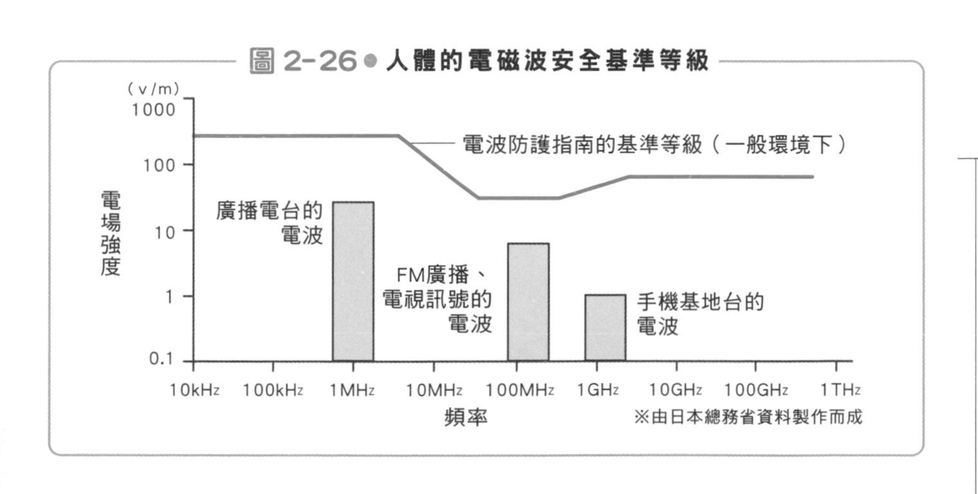

的心律調節器發生錯誤，使病患陷入危險。

手機剛發明的時候會放出相當強的電波，不過近年來的手機所使用的電波已變得相當弱，因此一般認為，電波造成心律調節器異常的可能性已微乎其微。最近的實驗中發現，手機和心律調節器需要靠近到3cm以內，手機發出的電波才有可能會影響到心律調節器。而在考慮到安全係數後，提出了手機應距離心律調節器15cm以上的安全指南。不僅是手機，無線網路產品、非接觸式IC卡的讀寫機器、電子標籤讀取機等也一樣。

而近年來，一般家庭內也會用到IH調理器（電磁爐）或LED燈泡等可能會產生電磁波或電脈衝的家電。體內裝有心律調節器的人，今後仍須持續關注這些電器可能造成的影響。

圖 2-27 ● 手機電波對心律調節器的影響

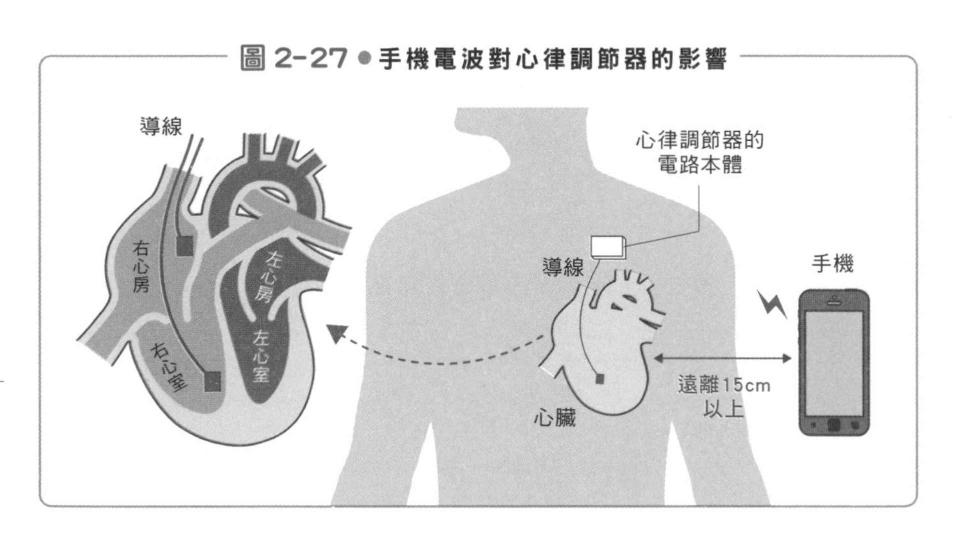

物理之窗

弗萊明定則

本章中說明了「電」與「磁」之間的關係。但如果再加上「受力」的概念，狀況就會變得有點複雜，容易讓人感到混亂。而「弗萊明右手定則」與「弗萊明左手定則」，就是幫助我們理解這種混亂狀況的工具。

讓我們試著想像一下法拉第的電磁感應實驗（第84頁，圖2-11）。若磁棒在由電線繞成的線圈內進進出出，線圈就會產生電動勢、產生電流。圖2-11是移動磁鐵改變磁場以產生電流，不過如果我們如圖2-A一般固定磁鐵，並使電線沿著與磁場垂直的方向運動，也可得到相同的結果。

若電線是由下往上移動，則電流會沿著圖（a）的箭頭方向流動；相反的，如果電線是由上往下移動，那麼電流則會反方向流動，如圖（b）的箭頭方向所示。這些方向之間的關係可以用手指的方向表示，如圖（c）所示，這就是「**弗萊明右手定則**」。拇指為力（運動）的方向，食指為磁場方向，中指則表示電流方向。

不過，要是忘記哪隻手指代表哪個意思的話，這個定則就沒有意義了。我們可以先記住從中指到拇指分別代表「電、磁、力」，這樣這個定則就會好記許多。要注意的是，這時三根手指頭必須互相垂直。因為電流、磁場、力（運動）的方向也是互相垂直的。

圖2-A 移動磁場內的電線可產生電流

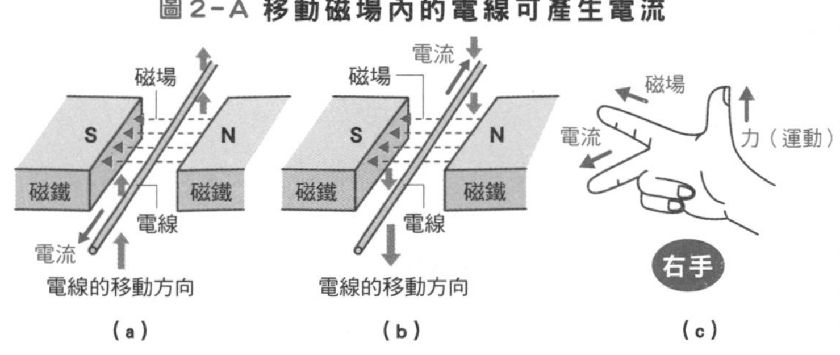

「移動磁場內的電線（導體）可使電線產生電流（產生電動勢）」應用了這個現象的代表性範例，就是發電機。

再來讓我們看看，如果磁場內的電線有電流流過的話會怎麼樣吧。如圖2-B所示，會有一個力量施加於電線上。若電流沿著圖（a）的箭頭方向流動，那麼電線會受到一個往上的力量；若電流的方向相反，變成如圖（b）所示，那麼電線的受力方向也會跟著反過來，變成一個往下的力量。這種關係同樣也可以用手指的方向來表示，如圖（c）所示，這就是所謂的「**弗萊明左手定則**」。

「將位於磁場中的電線通以電流，使電線受力」應用了這個現象的代表性範例，就是電動馬達。

另外，如果帶有電荷的電子在磁場內，沿著與磁場垂直的方向前進，那麼電子也會像磁場內通以電流的電線般受力，沿著圖（d）所畫出來的路徑轉彎前進。不過，由於電子帶有負電荷，故電子的前進方向會是電流的反方向。第4章所介紹的電子顯微鏡中，電子透鏡就是藉由這種現象工作的（參考第185頁）。

弗萊明是英國倫敦大學的教授。據說他是為了用淺顯易懂的方式向學生說明發電機與馬達的運作原理，才想到了前述的右手定則與左手定則。

圖2-B 磁場內通以電流的電線會受到力的作用

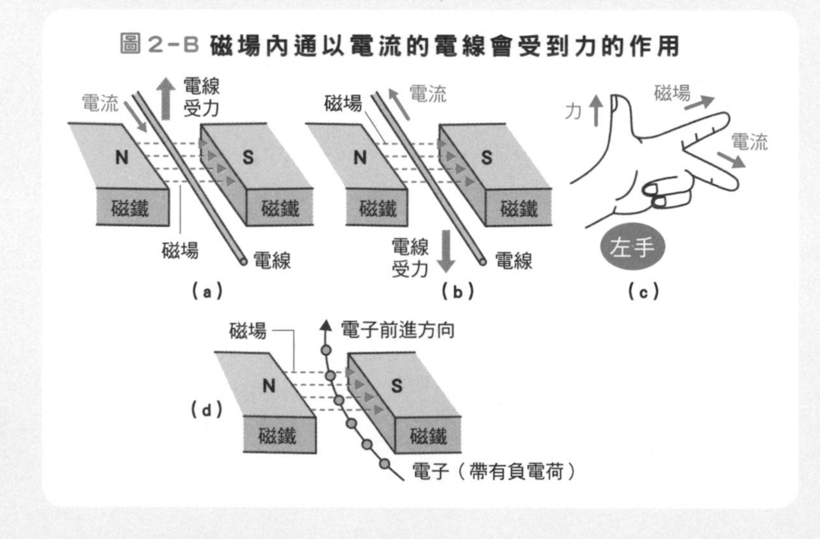

第3章

電波和光是同樣的東西

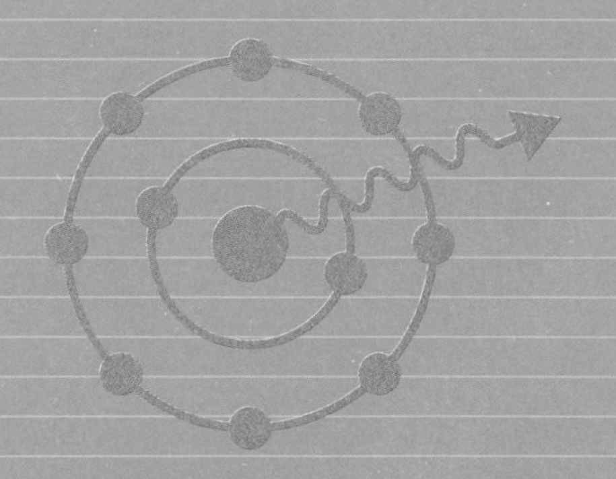

3-1 光也是電磁波

——從紅外線、可見光，到 X 射線、γ 射線

光和電波，乍看之下可能會覺得沒什麼關係，不過就像我們在第91頁所說的一樣，由馬克士威的研究可以得知，光和電波都是電磁波的一種。

如第36頁的圖1-19所示，若電波的頻率高到一定程度，就會變成我們平常所說的光。在一般的定義下，電波的頻率最大為3THz（terahertz，兆赫茲），而頻率比這高的電磁波則被視為光線中的紅外線，如圖3-1所示。討論光時，通常不會用頻率，而是用波長λ（希臘字母，讀做lambda）來表示光的種類，圖3-1中就是以波長來表示各種光。頻率為3THz的光換算成波長會得到0.1mm（100μm）。

談到光，我們可能會先想到肉眼可見的光（可見光），但事實上有許多種光是我們肉眼看不到的。**從波長較長的光開始，電波之後是紅外線、可見光、紫外線、X射線、γ（希臘字母）射線**。某些情況下，光的定義只包含紅外線、可見光、紫外線。不過本書會將X射線與γ射線也視為光。

隨著波長的不同，電磁波的性質也大有差異。我們後面會提到，波長愈短的電磁波，能量就愈高。若長時間暴露在紫外線、X

射線、γ射線底下會對人體有害，甚至會有生命危險。

波長較長的電波會一直往外傳播，直到市內的每一個角落，故很適合用在通訊（特別是手機）或電視、電台訊號的廣播上，關於這點我們已經在第35～38頁中說明過了。

紅外線容易被物質吸收轉換成熱能，有加熱物體的功能。沐浴在陽光底下時之所以會覺得溫暖，就是因為陽光內含有紅外線，而紅外線的加熱功能也被應用在紅外線暖爐等暖氣相關產品上。紅外線還可以分成波長較長的遠紅外線，與波長較短的近紅外線。近紅外線的性質與可見光接近，可以用在紅外線攝影機與紅外線通訊等地方。

可見光的波長比紅外線還要短一些。可見光可刺激眼睛的視網膜，讓我們看到各式各樣的物體。

紫外線的波長比可見光還要短一些，能量也比可見光高一些，故皮膚在紫外線的照射下會曬傷，視情況還可能會引起皮膚癌。

圖3-1●電磁波的波長與名稱

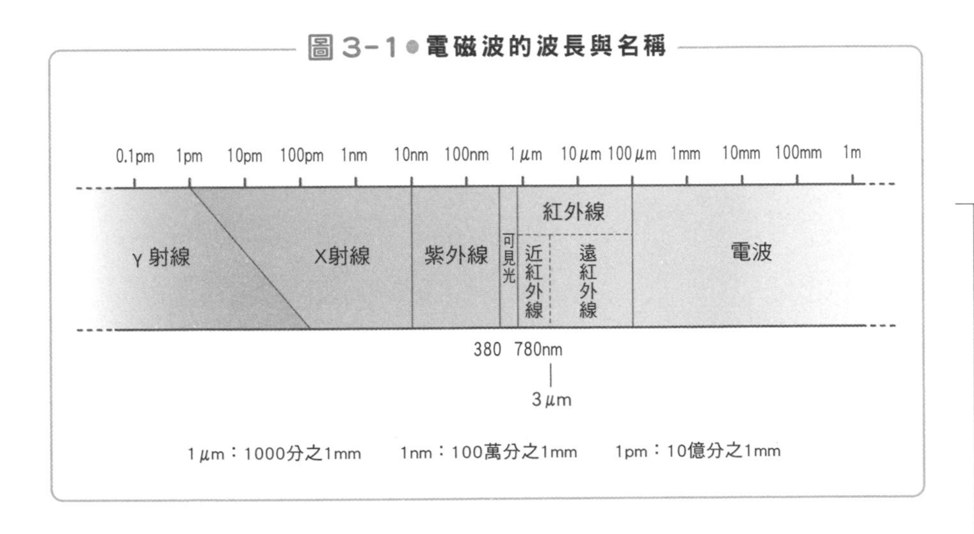

不過我們也可以利用紫外線的這個性質來殺菌。雖然陽光中含有紫外線，不過在大氣臭氧（O_3）層的保護下，大部分的紫外線會被擋下來而不會抵達地面。特別是波長較短（200nm以下）的紫外線，會被大氣中的氧氣分子與氮氣分子吸收，所以不會抵達地面。不過近年來，臭氧層的破洞逐漸擴大，使得抵達地面的紫外線愈來愈多，成了一個值得關注的問題。

X射線的波長比紫外線更短，能量更高、穿透力也更強，在醫療領域中，X光可用來拍攝X光片以及電腦斷層掃描，不過使用時會盡可能將劑量調到最小，使X光不至於影響到生理作用。在科學領域中，則會利用X光穿透力很高的這個性質來研究物體內部的狀況，或者利用X光波長短的特性來研究結晶結構。

而波長比X射線更短的就是γ射線了，γ射線是游離輻射的一種，來自放射性元素，能量非常高，暴露在大量的γ射線底下會有生命危險。

物體溫度上升時會產生電磁波

——黑體輻射的光譜

將鐵放入火中加熱，當其溫度超過600℃時，會開始出現一些紅色部分；若再繼續加熱到850℃左右，則會變成如櫻花色般明亮的紅色；到了1000℃左右時會變成黃色；而到了1300℃左右，則會變成眩目的白色。鍛造師在為鐵加熱時，就是靠鐵的顏色來判斷鐵的溫度，時而加熱、時而敲打出刀刃的外型。鐵在高溫時之所以會呈現紅色或黃色，是因為它會釋放出相當於該顏色波長的電磁波（光）。

鐵的溫度較低時（但也高達幾百度），雖然眼睛看不到，但由於用手靠近加熱後的鐵便可以感覺到熱，所以我們知道加熱後的鐵會放出紅外線。而當溫度逐漸升高後，便會放射出眼睛看得到的光。

顏色之所以會改變，是因為當物體的溫度愈高，其放射出來的電磁波就包含愈多波長較短的電磁波。不過即使溫度再高，其放射出來的電磁波仍包含波長較長的電磁波，故人的肉眼可以看到由不同波長（顏色）的光混合後的樣子。

這種加熱後的物體可以放射出電磁波的現象，就稱為「**熱輻**

射」。已有很長一段使用歷史的白熾燈，就是用電流加熱鎢絲使其溫度升高，以熱輻射的形式放出光線（電磁波）當作照明使用。我們觸摸白熾燈泡時會覺得熱，是因為它同時也放出了強烈的紅外線的緣故。

19 世紀末時，許多人熱衷於研究**物體所放射出來之光線的光譜（光在不同波長的強度分布）**與溫度之間的關係，其中又以德國為最。這是有原因的。普法戰爭（1870 ～ 71 年）中贏得勝利的德國，獲得了法國富含鐵礦資源的亞爾薩斯—洛林地區，並投入很大的資源發展鋼鐵產業。當時的德國在工業革命上慢了別人一步，為了追上領先國家，德國希望能透過重工業化來提升自己的國力。而煉鋼時需要高溫作業，因此必須建立一套方法，藉由適當的物理現象來測量高溫物體的溫度，故以熱輻射確認溫度的方法逐漸受到重視。

假設某物體是一個理想物體，其放射光的光譜不受物體種類影響，僅由物體的溫度決定，那麼光譜便可以用來測量這種物體在高溫時的溫度。若有物體像黑洞般，可以完全吸收各種波長的電磁波，那麼這種物體就被稱為「**黑體**」。由於所有波長的光都會被它吸收，看起來一片漆黑，故以此名之。當我們加熱黑體時，黑體會放射出所有波長的電磁波，這就叫做「**黑體輻射**」。

雖然理想的黑體並不存在，但我們可使用圖 3-2 的空腔容器來模擬黑體的行為。加熱這個空腔容器後，容器內壁所產生的電磁波會放射到空腔內。雖然放射的電磁波會再度被空腔內壁吸收，不過只要保持一定的溫度，放射出來的電磁波便會與被吸收的電磁波達成平衡，使空腔內變成充滿電磁波的狀態。這時，空腔所

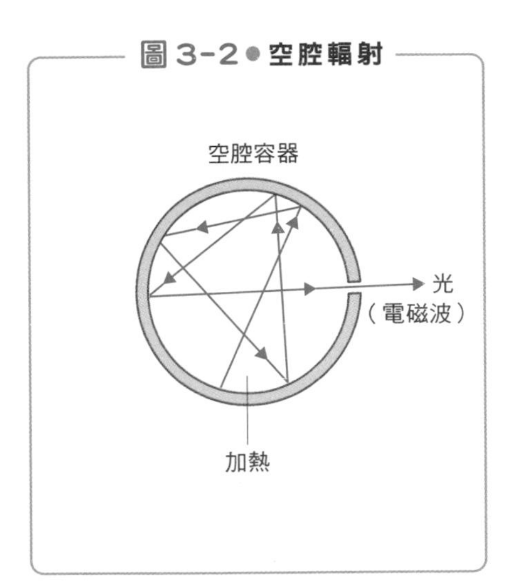

圖 3-2 ● 空腔輻射

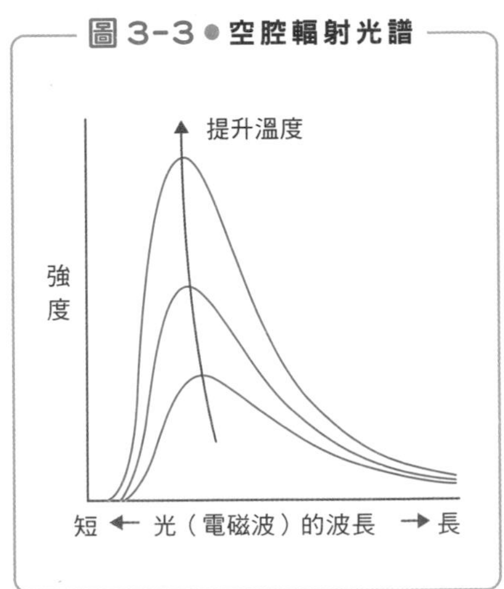

圖 3-3 ● 空腔輻射光譜

輻射出來的電磁波光譜便完全僅由溫度決定。因此若在空腔上開一個小洞，並測量由這個小洞所釋放出來的電磁波，便可得到電磁波的強度（能量）與波長之間的關係，將其畫成圖後，可得到如圖 3-3 的曲線。這就稱為「**空腔輻射光譜**」。**實驗發現，當溫度提升時，光譜的高峰（電磁波強度）會變得更高，而峰頂會往波長較短的方向移動**。

物體的溫度低時，也會依其溫度而釋放出相應光譜的電磁波。雖然肉眼看不見，但人體也會依體溫釋放出波長較長的光，也就是紅外線。以紅外線攝影機拍攝時，即時在黑暗處也可以看到發光的人體。因此，紅外線攝影機經常被當作防盜攝影機使用。

雖然人們知道了物體的溫度與該物體所放射出來的電磁波波長有很密切的關係，但問題是，由當時的理論所計算出來的光譜曲線，卻與實際測出來的空腔輻射光譜有明顯的差別。

德國的物理學家**普朗克**致力於推導出符合光譜測量結果的公式，後來他終於想出了著名的「**普朗克公式**」（1900 年）。普朗克的理論中有一個很特別的前提，那就是假設充滿於空腔內的光的能量E並非連續變化，而是以光（在1 秒內）的振動次數ν（希臘字母，讀做nu）與常數h的乘積$h\nu$為單位，每個光的能量皆只能是$h\nu$的整數倍（$h\nu$、$2h\nu$、$3h\nu$……）。

這裡的振動次數ν與電波的頻率意思相同。之前的古典物理學認為能量為連續的值，故**「將$h\nu$ 視為光能量的單位（又稱為「能量量子」），規定能量只能是一個個分散的數值，而不是連續的值」可說是一個革命性的概念。而這個假設為物理學帶來了相當大的變革，也成為了量子理論的濫觴，開啟了現代物理學的大門**。

由這個理論我們可以知道，隨著光的頻率增加，光的能量$h\nu$也會跟著成正比提升。換句話說，**頻率愈高的光，能量就愈高。又因為光的波長λ 與頻率成反比（$\lambda = c/\nu$，c：光速），故波長愈短的光，能量就愈高**。這個重要的概念在後面也會時不時出現，請先把它記下來。

普朗克公式所引入的常數h之後被稱為「**普朗克常數**」，是量子理論中最基本且重要的常數。

以普朗克公式為基礎所計算出來的光譜曲線如圖3-4 所示，與測量結果一致。圖中的溫度單位為「K」，又稱為絕對溫度。我們日常生活中常以「℃」作為溫度單位，並設定1 大氣壓下，水的結凍溫度為0 度（0℃）；絕對溫度則是以理論上的最低溫度為0 度（0K），等於－ 273.2℃。

圖 3-4 ● 由普朗克公式求出來的黑體輻射光譜

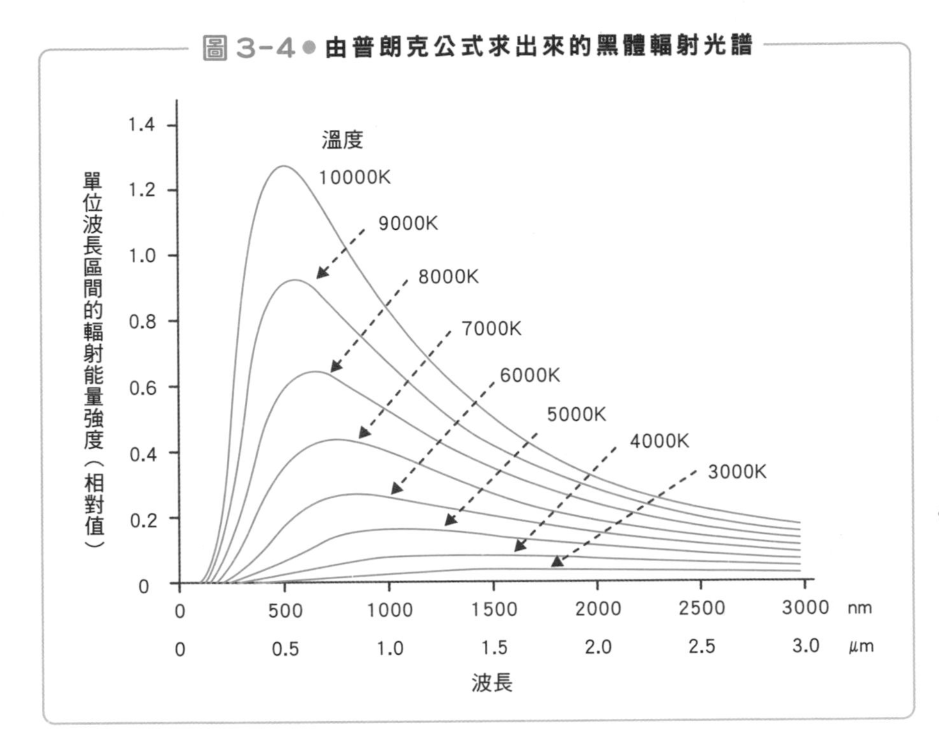

太陽與恆星所放出的電磁波

——由光譜測量星體的溫度

對地球上的我們來說，太陽是能產生光與熱的星體中，離我們最近的星體。要是沒有太陽的話，地球上的生物也不會存在。

若試著測量太陽所發出的光（電磁波）的光譜，可以得到圖3-5。由普朗克公式可以知道，太陽光的光譜與溫度 T（絕對溫度）為5800K的曲線幾乎一致。由此可知太陽的表面應該是由高達5800K的高溫氣體組成。其外還有溫度更高的色球層與日冕，會放射出各種電磁波。**太陽的表面溫度為5800K，其電磁波光譜的峰頂位於波長0.48μm之處，該波長的電磁波在人類的眼中為綠色。人類看得到的可見光波長約在0.38μm～0.76μm之間，故也可以說，在太陽所釋放出來的電磁波中，人類（以及多數動物）對於其能量最大的波長附近，感應最為靈敏**。

除了可見光以外，太陽也會放射出波長比可見光短的紫外線、X射線、γ射線，以及波長比可見光長的紅外線、電波等電磁波。其中，可見光約占所有太陽光能量中的47%、紅外線約占46%、紫外線約占7%，X射線、γ射線、電波則微乎其微。而抵達地表的電磁波則如圖3-5所示，會被大氣層吸收掉一部分，故組成略有

圖 3-5 ● 太陽的輻射光譜

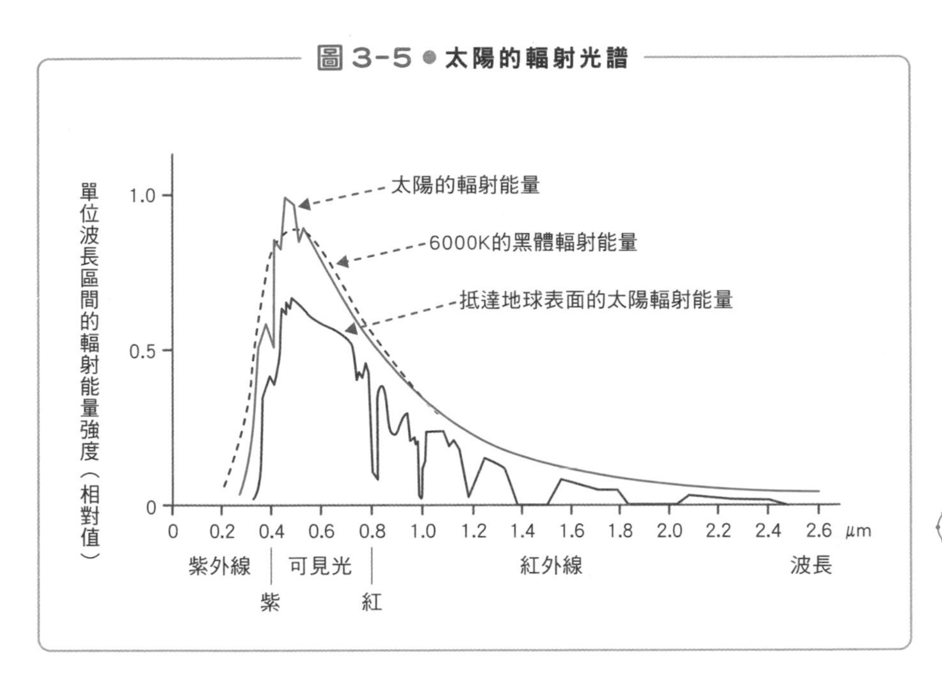

不同。太陽光抵達地表時，紫外線會減少許多，而危險的X射線與γ射線則會消失。我們人類與其他動物，便受惠於能穩定抵達地表的可見光與紅外線，進而順利繁衍。

廣大的宇宙中，有許多與太陽類似的星體（恆星），仰望夜空時，可以看見每顆星星都閃爍著各種不同顏色的光芒。恆星（太陽也一樣）的**核融合反應**※會產生高溫，再從恆星表面以熱輻射的形式放出光。故恆星的顏色由其表面溫度決定，若恆星的表面溫度為3000度左右則呈現紅色；若為6000度左右則呈現黃色；若為10000度左右則呈現白色或藍色。

舉例來說，冬季夜空中最明亮的恆星為大犬座的天狼星，其表面溫度為10400度，看起來是白色。與天狼星、獵戶座參宿四組成冬季大三角的小犬座南河三，其表面溫度為略高於太陽的6650度，看起來比太陽多了一些白色。另一方面，夏季夜空中發出不祥紅光的天蠍座心宿二，其表面溫度只有3500度，溫度較低所以看起來是紅色。而在春季夜空中閃耀的處女座角宿一，其表面溫度高達17000度，相當高溫，看起來是藍白色。

我們可以像這樣由恆星的顏色來推估恆星的表面溫度。若要計算得更精確，可以在測量到恆星的光譜後，以第118頁所介紹的普朗克公式來計算出溫度。

※將兩個氫（H）的原子核合成為氦（He）的反應。該反應可產生相當大的能量。氫彈就是利用這個原理製作出來的核子武器。

紅通通的太陽

——夕陽為什麼是紅的？

小孩子們畫的太陽大多會塗成紅色或橙色。大概在半世紀以前，美空雲雀一首很紅的歌曲中就有「燒得紅通通地～因為是太陽～……」這樣的歌詞（「真赤な太陽」）。可見許多人對於太陽顏色的印象就是這種紅通通的顏色。而日本國旗的太陽也是紅色的。

然而，似乎只有我們認為太陽的顏色是紅色，在許多的歐美國家，人們幾乎都認為太陽的顏色是黃色。電影《真善美》中的著名歌曲「Do-Re-Mi」中有一句歌詞為「Ray, a drop of golden sun（Ray是金色太陽的陽光）」，將太陽光形容成接近黃色的金色。

不過，由圖3-5（第121頁）中可以看出，太陽可發射出由紅到紫各種不同顏色的光。這些由紅到紫的光全部綜合起來後，就會變成白色的光。故我們可以知道，太陽所發射出來的光其實是「白色光」。白天時的太陽過於眩目而難以觀察，不過陽光除了白色以外，還帶有一些淡黃色（若直接以肉眼觀察白天的太陽會對眼睛造成很大的傷害，請千萬不要這樣做）。

照片3-1（參考卷首彩圖）是白天時的太陽照片，確實與白色相當接近。由於這張照片是在很強的太陽光下拍攝的，故太陽周圍光線較弱的地方會因為曝光不足而呈現黑色，但其實這些部分是藍色。如果搭乘太空船離開地球的大氣層，那麼太陽看起來應該就會像這張照片一樣，是漆黑天空中的白色光球。

大家常說夕陽是紅色的，不過只有當大氣層內有許多水滴與灰塵時，太陽看起來才會是紅色，一般情況下通常是黃色或偏橙色才對（照片3-2，參考卷首彩圖）。「之所以會覺得夕陽是紅色，是因為陽光將太陽周圍的大氣染成了紅色，我們才會覺得太陽看起來也是紅色。」你是不是也這麼想呢？

那麼，原本應該為白色的太陽，為什麼在變成夕陽後看起來就會偏紅，變成黃色或橙色了呢？太陽光在抵達地表前會先經過地球的大氣層，光線在碰到空氣分子時，部分波長較短的藍光或

圖 3-6 ● 夕陽的太陽光抵達地表前需穿過的大氣層距離比白天時要長

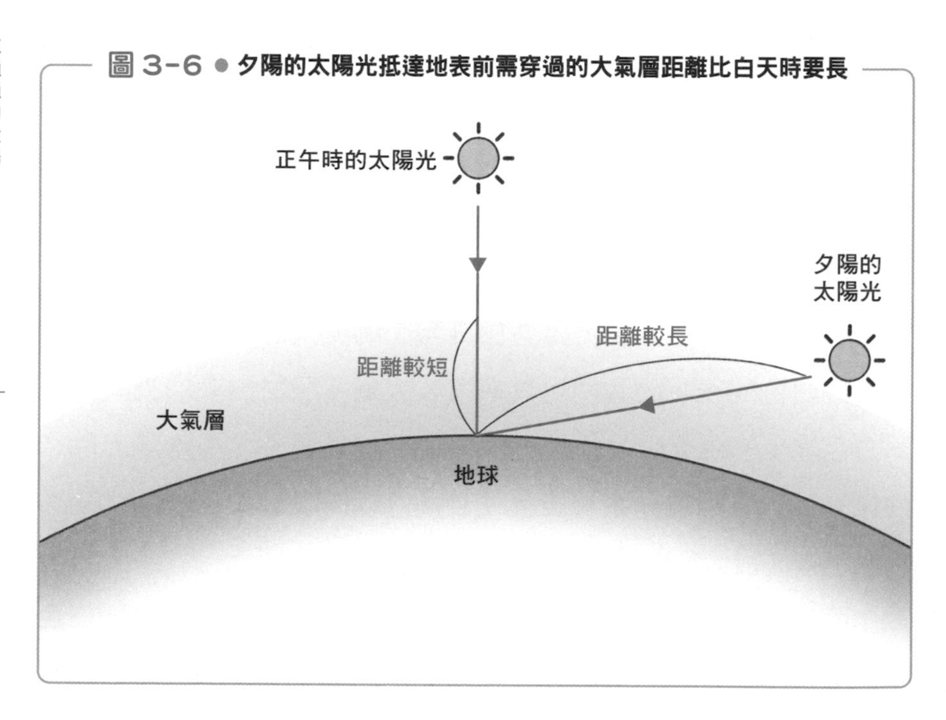

紫光會因為漫射而消失。而白天時太陽在我們的頭頂上，太陽光抵達地表前需穿過的大氣層距離較短，顏色不會變化太多。

不過當黃昏時，太陽會西沉，降到地平線附近。此時太陽光會斜斜地通過大氣層，需要穿過的距離較長（圖3-6），故與白天時的太陽光相比，夕陽的陽光會喪失更多波長較短的藍光與紫光。如果地表附近含有較多水氣的話，就連波長稍長的光也會因漫射而陸續被吸收，難以抵達地表。這時在地表上的我們所看到的陽光，就會以波長較長的黃色、橙色、紅色為主，於是夕陽看起來就會呈現黃、橙、紅色。朝陽也是一樣。

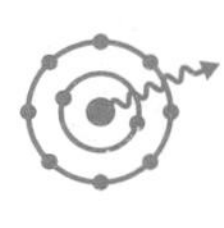

X射線是波長較短的電磁波

——如何產生X射線？

第113頁的圖3-1列出了各種電磁波的波長，由這張圖可以看出，在波長比可見光還要短的區域有紫外線，而紫外線再過去則是X射線。照X光片時會用到X射線，故現在每個人都知道X射線這種東西。但其實直到19世紀末時，物理學家才在實驗中偶然發現這個X射線的存在。

1895年秋意漸濃時，德國的物理學家**倫琴**正在用放電管做實驗。倫琴在黑暗的房間內，以黑紙包覆放電管進行實驗時，他看到旁邊的螢光板發出了強烈螢光。就算他在放電管與螢光板之間放置厚重的書或木板，螢光仍不會消失。只有切掉放電管的電壓時，螢光才跟著消失。

倫琴認為，這是因為放電管放射出某種穿透性高的未知射線，當這種輻射線打到螢光板時，才使螢光板發光。有一次，倫琴將自己的手放在放電管與螢光板之間，這時他發現螢光板上居然顯示出了手骨的影子。既然出現了影子，就表示這種射線與光一樣是直線前進。

倫琴接著又做了各式各樣的實驗，確信這種射線與光有著類似的性質，是一種未知的輻射線，於是將其命名為「**X射線**」。想必這裡的X是來自數學方程式中用來表示未知數的符號X，以表示這種射線對當時的人們來說仍是未知輻射吧。倫琴因為發現了X射線而獲得1901年的諾貝爾物理學獎，而他也是自20世紀開始頒發諾貝爾獎以來的第一位得主。

即使後來有許多研究者投入研究，X射線仍有很長一段時間處於未明狀態。直到1910年代，人們才確認它是波長比可見光與紫外線還要短，只有1pm（picometer，皮米，10億分之1mm）～10nm的電磁波。

現在的X射線主要是由一種名為Coolidge型X射線管的真空管產生出來的。

圖3-7為生成X射線的原理示意圖，將真空玻璃管內的鎢絲線圈（陰極）通以電流加熱，當線圈溫度升高時，電子（熱電子）

圖3-7 ● X射線的生成原理

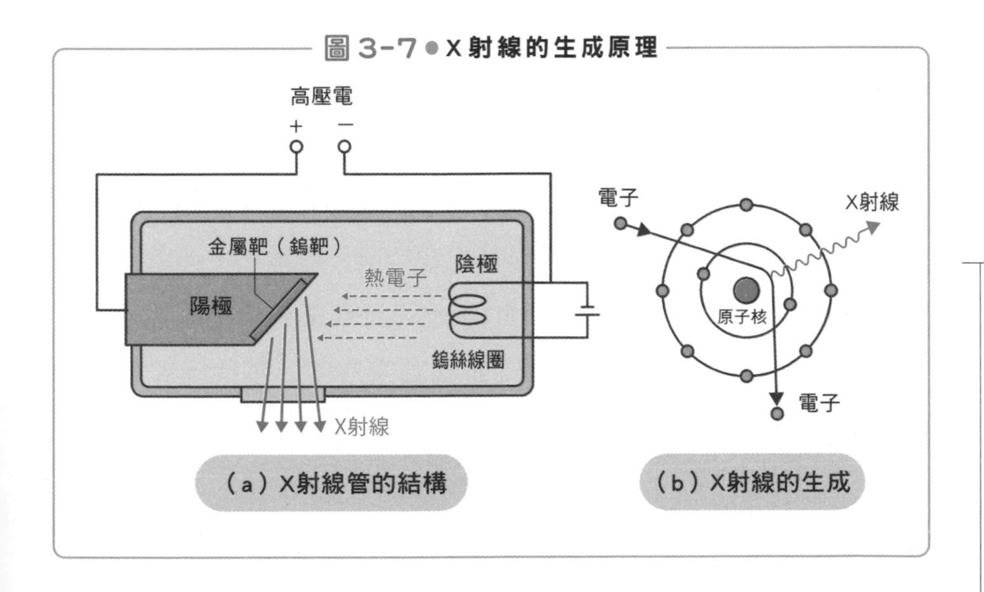

會從陰極飛出。接著如圖（a）所示，在陽極與陰極間通以1萬～10萬伏特的高壓電，便可使帶負電荷的電子加速飛向帶正電的陽極，最後以很快的速度撞上陽極的金屬靶（鎢靶）。撞擊前的電子速度可達到光速（30萬km／秒）的1/10～1/5左右。

當電子以那麼快的速度撞擊到金屬表面時，會直接衝進金屬內部。而當電子衝進鎢這種偏重的金屬原子內時，由於其原子核含有許多質子，故帶有負電荷的電子會被帶有強力正電荷的原子核吸引而急轉彎（如圖（b））。當高速行進的電子方向急遽改變時，就會產生X射線。

當電子打到金屬靶時，電子帶有的能量大都會被金屬吸收，能成為X射線射出的只有極小部分（約1%左右），其他大半的能量都以熱的形式散失。因此需要以耐熱度高的金屬鎢作為金屬靶，且X射線管的冷卻工作也相當重要。

X射線的波長範圍為1pm～10nm，與其他電磁波相比波段相當廣。其中，波長相對較長（約0.1nm以上）的X射線稱為「軟X射線」，波長較短（約0.1nm以下）的X射線稱為「硬X射線」，以做出區別。

聽到X射線，一般人可能會想到醫院裡的X光片，稍微瞭解一點的人可能會想到電腦斷層掃描時也會用到X射線。不過除了醫療用途之外，在科學的世界中，X射線也可以用來分析結晶等物質，以瞭解物質的結構，或者用來測定元素濃度等，是使用範圍相當廣的重要研究工具。

對人體來說危險性很高的γ射線

——不過可以用來滅菌或消毒

如圖3-1（第113頁）所示，**γ射線**是波長比X射線還要短的電磁波。

γ射線是鈾和鐳等放射性元素在原子衰變時會放射出來的輻射線之一。放射性元素的原子會放射出α射線（Alpha射線）、β射線（Beta射線）、γ射線（Gamma射線）的三種輻射線。其中，α射線是由氦（He）的原子核（包含兩個質子與兩個中子）所形成的粒子束；β射線則是由電子形成的粒子束。這兩種輻射都帶有電荷，故在通過電場或磁場時會轉彎。不過γ射線即使通過電場或磁場也不會轉彎，而是直線前進（圖3-8）。這是因為γ射線與光和X射線一樣都是電磁波的一種，而且是波長在100pm以下的電磁波。

由圖3-1可以看出，X射線與γ射線的波段有部分重疊。這個部分的電磁波並不是以波長來區分它是X射線還是γ射線，而是以其生成機制來區分。**X射線是原子內的電子軌道改變時所產生的電磁波，而γ射線則是原子核內部的狀態發生變化，轉變成其他原子核時所產生的電磁波**。

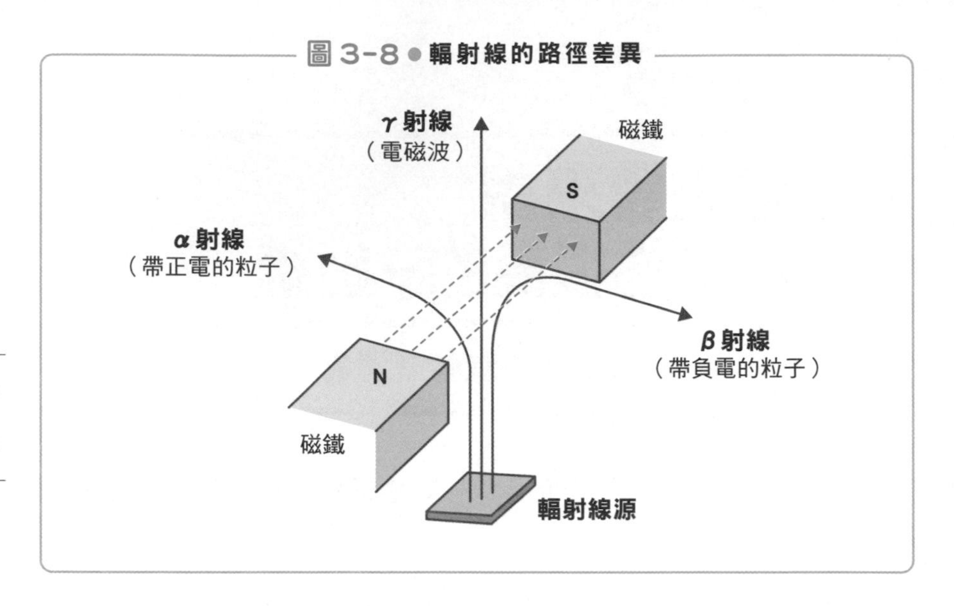

γ 射線是能量非常強的電磁波，若人體被 γ 射線照射到的話會有生命危險。利用核分裂的原子彈會產生大量含有 γ 射線的輻射線。因原子彈而罹難的受害者中，有許多人是因為高溫灼傷或爆炸時的強風而死亡，不過也有很多人的死因是照射到大量的 γ 射線。

由此可知 γ 射線的能量相當強，故其穿透物質的能力也比X射線還要強上許多。若要擋住這種 γ 射線，至少需要厚達10cm的鉛板才行。順帶一提，雖然都是輻射線，但 α 射線只要一張紙就可以擋下，β 射線也只要一片很薄的鋁板就可以擋下（圖3-9）。核能電廠的原子爐進行核分裂反應時會產生 γ 射線，故必須以相當厚的混凝土包覆住整個反應爐，才能阻止 γ 射線外漏。

雖然 γ 射線那麼危險，但如果適當運用的話，仍可成為相當

圖 3-9 ● α 射線、β 射線、γ 射線的穿透力

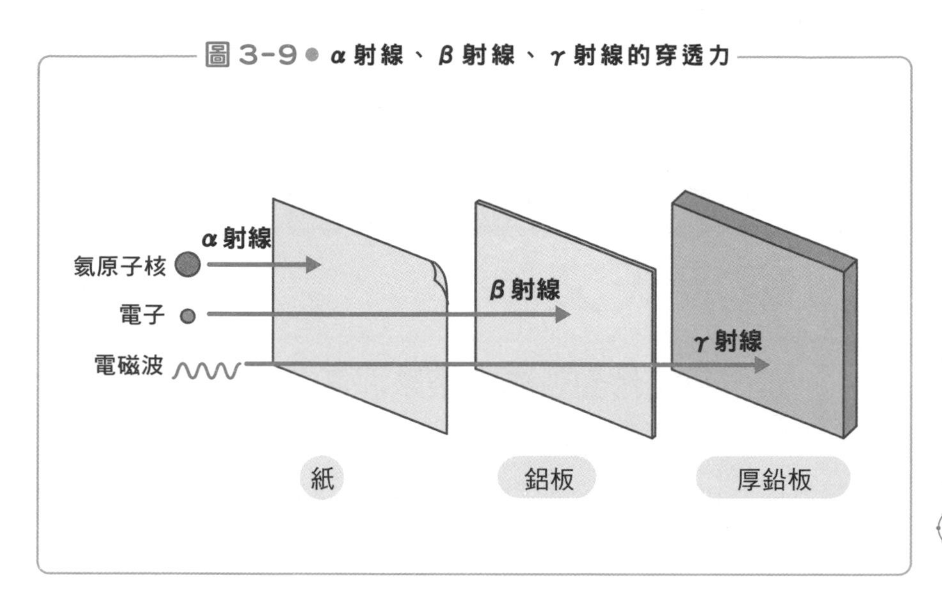

好用的工具。較為人知的應用如醫院內會以鈷60所產生的微弱 γ 射線來治療癌症。另外，γ 射線有殺菌功能，故針筒、手術用線、人工腎臟等醫療用品會照射 γ 射線來滅菌。在農業領域中，也會以 γ 射線照射動物飼料以進行消毒，或者照射馬鈴薯以抑制其發芽，利於長期保存。

與其他電磁波不同，這些用途中的 γ 射線，其波長並不重要，故通常會以強度來表示所使用的 γ 射線。

通常會以鈷60 作為 γ 射線的光源。一般情況下使用的金屬鈷原子量為59，是相當穩定的元素，不過原子量為60 的鈷60 是人工製造出來的放射性元素，會產生 β 射線與 γ 射線。

以電波觀測星星的電波天文學

——甚至用到亞毫米波來觀測

到目前為止，我們提過了許多種電磁波。事實上，廣大的宇宙中也充滿著各式各樣的電磁波。

仰望夜空時可以看到許多閃耀的星星。宇宙中有無數可產生光芒的星體，我們之所以可以用肉眼看到這些星體，就是因為星體會放射出可見光的緣故。

天文學是研究宇宙的學問。以前的天文學家會以天體望遠鏡觀察星體，也就是用可見光來觀測星體，藉由這種方式研究宇宙。然而星體不只會放射出可見光，也會放射出各式各樣的電磁波。許多星體即使不會放射出可見光，也會持續放射出其他的電磁波。像這種捕捉由星體放射出來的電波，藉以觀測星體的學問，就是電波天文學。

天體會發射出電波這件事的發現，是出於一個偶然。

1932 年，**美國貝爾實驗室**※的工程師**央斯基**，為了研究當時盛行的無線通訊為什麼會出現電波雜訊的干擾而進行觀測。他製作了可以改變接收電波方向的天線，以研究短波帶的雜訊電波是從哪個方向過來。於是，他發現從某個方向過來的雜訊電波特別強，而且這個方向每天大約會改變1度，一年後則會回到同一個方向。由這個結果，央斯基認為雜訊的原因是從地球外某個方向持續射來的電波。比對雜訊特別強的方向與銀河中心的方向後，他發現兩者相當吻合。這就是人類首次觀察到來自地球外的電波。

電波天文學在第二次世界大戰後蓬勃發展，一開始只有觀察數百MHz頻段的電波，而隨著高頻電波技術的進步，高頻率電波也逐漸成為了觀察對象，現在則盛行微波及毫米波的觀察。

用來觀測來自宇宙之電波的電波望遠鏡，與微波通訊、衛星通訊、衛星轉播所使用的拋物面天線（參考第66頁）相同。不過來自宇宙的電波相當微弱，故拋物面天線的直徑要有數十公尺大，或者由許多拋物面天線並列，共同接收電波，以提升對電波的敏感度。

日本的許多地方也有宇宙電波觀測所，較著名的包括長野縣野邊山高原的**野邊山宇宙電波觀測所**。這裡的毫米波望遠鏡使用的是世界最大級（直徑45m）的拋物面天線，此外，這裡還有許多拋物面天線（照片3-3、3-4）。這些望遠鏡可以觀測到來自宇宙、1GHz～150GHz的電波。

而最近成為話題的，則是位於南美智利的阿他加馬沙漠，由多個拋物面天線所組成的**ALMA電波望遠鏡**，日本也有參與這個計劃。阿他加馬沙漠內，靠近安地斯山脈的地區有標高5000m的高原，空氣稀薄，由於是沙漠氣候乾燥，水氣極少，能夠觀測到較高頻率的電波。故該計畫在這裡設置了可觀察到毫米波，以及頻率比毫米波更高之亞毫米波電波（30GHz～950GHz）的電波望遠鏡。

目前藉由電波天文學觀察到的星體電波（電磁波），可依生成機制的差異分為**①熱輻射、②同步輻射、③原子、分子的光譜線**這三種。

①熱輻射　物體會放射出與其表面溫度對應的電磁波，這就是熱輻射。其中，電波望遠鏡擅長觀察溫度較低之星體的熱輻射（溫度較低時，熱輻射會以電波為主）。而觀測到的數值，可以與第118～119頁中，由普朗克公式計算出的黑體輻射電磁波光譜互相對應。

②同步輻射　真空中以接近光速的速度飛行的電子，在進入磁場時會轉彎，並放射出電磁波，這就是所謂的「同步輻射」。電子可放射出包括X射線、可見光、電波等範圍相當廣的電磁波。這種電磁波和熱沒有關係，故又被稱為「**非熱輻射**」。來自宇宙的同

照片3-3 直徑45m的毫米波望遠鏡的天線

步輻射在電波頻段的強度特別高，我們也是在觀測到電波之後，才知道來自宇宙的電磁波包含同步輻射。央斯基收到的電波就是來自宇宙的同步輻射。宇宙存在磁場，這些磁場有著各式各樣的作用，而同步輻射的觀測對於宇宙磁場的研究相當重要。

③原子、分子的光譜線　熱輻射與同步輻射都會放射出波長範圍很廣的電磁波，不過「**光譜線**」（參考第149頁）只會放射出特定波長的電磁波。當原子、分子或是其內的電子在某些原因下損失能量時，這些能量便會以電磁波的形式放射出來，而電磁波的波長與損失的能量彼此對應。電子在損失能量前後的能量差愈大，放射出來的電磁波波長就愈短。**這裡的能量差由原子或分子的種類決定，故當我們接收到特定波長的電波時，便可依此推論出該處的物質組成與能量狀態**。

照片3-4 由許多拋物面天線聚集而成的電波望遠鏡

宇宙各處的狀態有很大的差異，有些地方有數億度的超高溫，有些地方卻只有絕對溫度幾度的超低溫。要觀測宇宙中的不同現象時，就必須選擇適合各種現象之波長的電磁波才行。舉例來說，電波可以用來觀察接近超低溫、非常冷的現象；紅外線可以觀察到數百度左右的現象；可見光到紫外線可以用來觀察溫度更高、約數千度左右的現象，如太陽與其他恆星等。而當出現超新星爆發，或者是黑洞形成等溫度極高、可達數萬度到數億度的現象時，則會放出波長更短的X射線及γ射線等電磁波。另外，即使是同一個星體，用X射線觀察，有時也可以看到可見光或電波所看不到的現象。

雖然一開始用在宇宙觀測上的是電波望遠鏡，不過現在的觀測範圍已經擴展到X射線了。

※美國最大的電話公司AT&T（美國電話電報公司）的研究所，1948年時發明了電晶體，在通訊方面是世界最大的研究所。有好幾個諾貝爾獎得獎者就是出自這個實驗室。

3-8 從電波可以瞭解到宇宙的什麼呢？

——黑洞與宇宙背景輻射

宇宙內有許多光憑肉眼可見的光（可見光）觀察不到的事物。而我們在前一節說明的電波天文學，就是用來研究這些事物的方法之一。

星體與星體之間的宇宙空間存在著所謂的「**星際物質**」，是形成恆星的原料。星際物質是由主成分為氫的氣體，以及小於1μm的固態微粒塵埃所組成。這些東西會擋住可見光，故當我們以可見光觀測時，只會覺得一片黑暗，什麼都看不到。然而電波可以穿透這些物質，故當我們改以電波觀測時，就可以看到各式各樣的現象，瞭解星際物質後方的情況。

電波的波長比可見光還要長，也比星際塵埃的平均大小還要大很多，故不會受到這些小小障礙物的影響，可以直接穿透。我們也能夠藉此看到用可見光所看不到的宇宙樣貌。

另外，由於電波可以看得到溫度較低的物質，故也可以用來觀測被低溫塵埃遮住的地方。而且當我們分析出電波的光譜後，還可以判斷這個區域內有哪些物質存在。

星際物質的氣體與塵埃是星體爆炸後留下的殘骸，同時也是未來星體的誕生之處，故可說是研究宇宙與星體的歷史時相當重要的地方。

銀河是如何誕生？又是如何演變的？這是天文學上的一大主題。當我們用可見光與紅外線來觀察銀河時，可以看到許多星體聚集在一起形成銀河；而當我們用電波觀察銀河時，則發現星體與星體之間存在著許多氣體與塵埃。研究這些氣體與塵埃的組成與分布，有助於我們瞭解銀河的詳細結構，或許還能夠幫助我們瞭解銀河的誕生。

宇宙內有種重力非常大的星體，連光都沒辦法逃出它的重力，那就是**黑洞**。黑洞本身完全不會發光，故沒辦法直接看到它的存在，但其周圍的氣體會發射出強烈的電磁波。過去人們認為黑洞只是猜想中、理論上可能存在的星體。不過後來觀察到銀河中心會發出強烈的磁場，並以觀察到的電波判斷其周圍的氣體正在快速旋轉。由這些觀測結果得知，銀河的中心確實有一個黑洞。

電波天文學還有一個很大的研究成果，那就是**發現了大霹靂的決定性證據「宇宙背景輻射」。大霹靂假說認為，發生於138億年前的宇宙大爆炸就是現在宇宙的起源**。而宇宙背景輻射的發現，其實也是出於偶然。

1964 年，在貝爾實驗室（參考第136 頁）工作的兩位電波研究員**彭齊亞斯**與**威爾遜**，在測量影響通訊電波的雜訊時，發現從宇宙中的每個方向都會傳來微波雜訊。之後他們試著研究這個電波雜訊的光譜，發現與**3K（絕對溫度3 度）的黑體輻射**（參考第116 頁）一致。這個輻射可解釋成宇宙的背景輻射。很久以前宇宙可能是一個溫度很高、密度很大的空間，但在膨脹以後溫度迅速下降，到現在冷卻至3K，才會放射出3K的黑體輻射。這個解釋成為了大霹靂宇宙論的有力證據。

為了詳細觀察這個宇宙背景輻射，1989年11月，NASA（美國航太總署）將裝有電波望遠鏡的探測器（人造衛星）COBE送到900km的高空軌道上，以避免地球大氣層的干擾，藉此測量來自宇宙的電波。結果發現，**宇宙背景輻射與絕對溫度2.725K的黑體輻射幾乎相同**（圖3-10）。

圖3-10●宇宙背景輻射的光譜

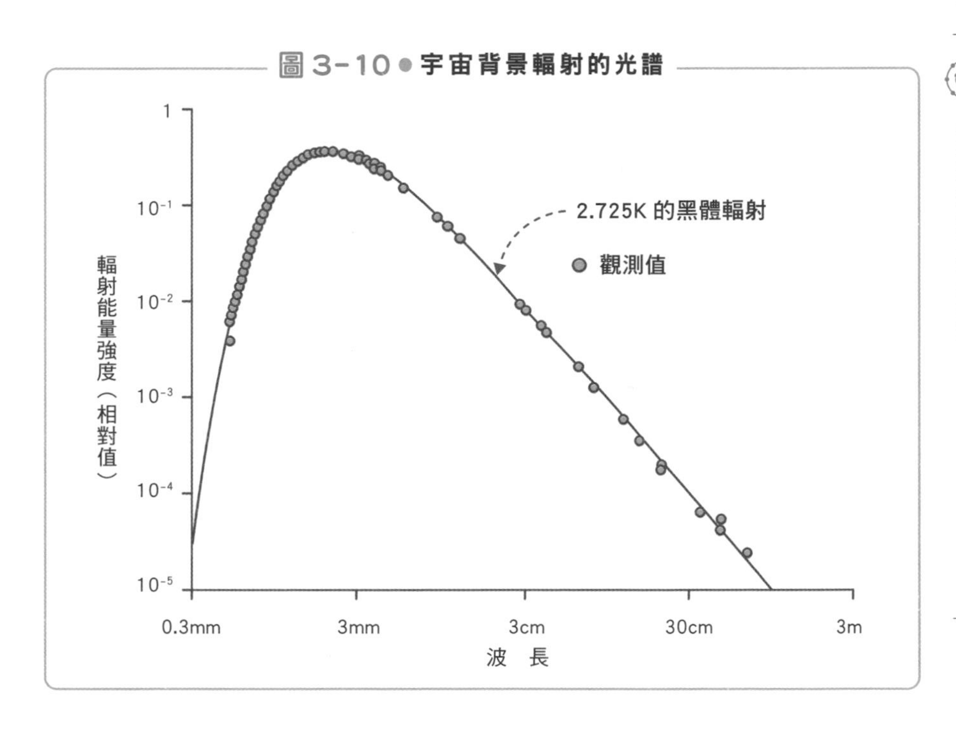

可見光窗、電波窗

——也因此只能在大氣層外捕捉到來自宇宙的X射線

來自宇宙的電磁波中包含了各種頻率的電磁波，然而可以穿過包圍地球的大氣層抵達地面的，大致上只有兩個波段的電磁波，如圖3-11。其中一個波段是可見光，我們可以利用這個可見光來觀察天空中的星體。以前的天文學家所使用的望遠鏡，就是藉由可見光來觀察星體。另外一個波段則是電波，前節與前前節中所介紹的電波天文學也有提到，我們可以藉由這些電波，捕捉到一般光學望遠鏡所看不到的宇宙姿態。

對地球的大氣層而言，這兩個波段的電磁波是透明的，故這兩個波段又叫做「大氣之窗」，前者為「可見光窗」，後者為「電波窗」。地表上的我們，可以透過這些窗來獲得宇宙中各式各樣的資訊。

可透過「可見光窗」抵達地面的光，其波長約在300nm～1000nm（1μm）的範圍內，是以可見光為中心，包含一部分紅外線與紫外線的電磁波。除此之外的波段會被大氣中的水蒸氣以及各種分子（氧氣、氮氣、二氧化碳等）吸收而無法抵達地面。對人體有害的大部分紫外線、X射線、γ射線等都位於這個窗的範圍之外，無法抵達地面，使我們得以安心生存。而可透過「電波窗」抵達地面的電波，其波長約在數mm～30m的範圍內。波長比30m還要長的電波（頻率在10MHz以下的電波）會被大氣層中的電離層（參考第39頁）反射回太空，無法抵達地面。而波長較短、在數mm以下的電波則會被大氣層中的水蒸氣與空氣分子吸收，也無法抵達地面。

由圖3-5（第121頁）可以看出，來自太陽的電磁波有一大部分會在大氣層的影響下無法抵達地面。即使是能通過「可見光窗」的光，也會受到些許影響。因此過去人們會在空氣乾淨的山上設立天文台。如夏威夷島的毛納基山（海拔4205m）的山頂附近，便設有日本最大的「**昴星團天體望遠鏡**」，此外，許多大型天文

圖3-11● 可見光窗與電波窗

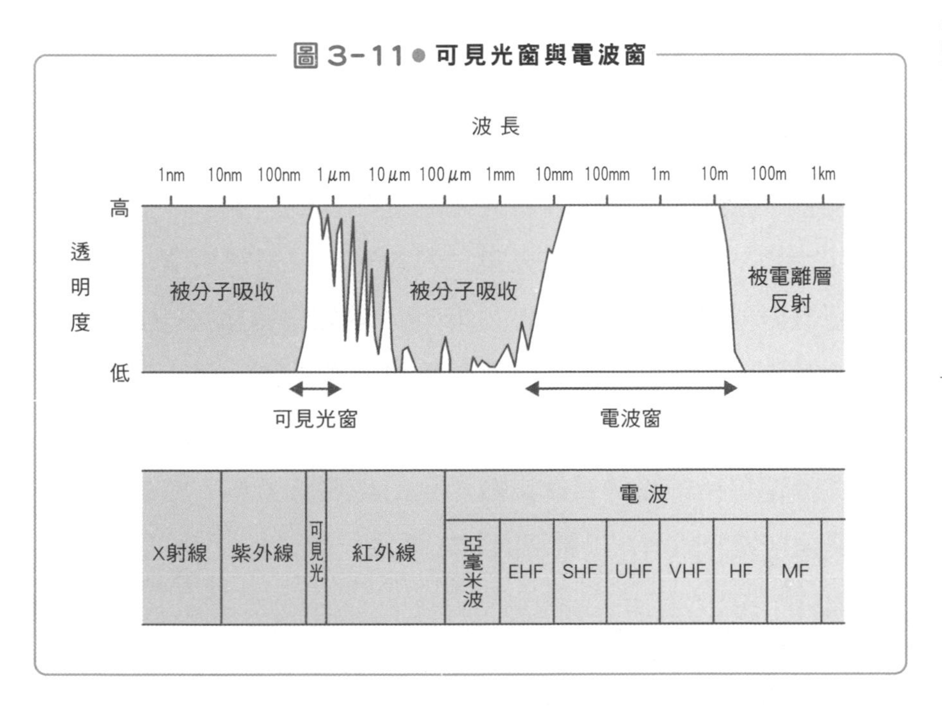

望遠鏡亦因為相同的原因而設立於此。

而在電波望遠鏡方面，為觀察來自遙遠宇宙的微弱毫米波、亞毫米波等電波而設置的ALMA望遠鏡，則位於智利海拔5000m高地的阿他加馬沙漠中。毫米波與亞毫米波的電波，相當容易被地球大氣中的水蒸氣吸收，故必須建造在空氣稀薄、乾燥的地點。

若要觀察這兩個「窗」以外的電磁波，就必須離開地球的大氣層才行。

現在我們已經可以用火箭將人造衛星送上太空，在沒有大氣層的阻礙下，觀測來自宇宙各處的電磁波。其中之一就是位於「可見光窗」外，無法抵達地面的宇宙X射線。**以日冕發出的X射線為首，科學家們藉由觀測用人造衛星，發現許多星體都會產生X射線。這方面的研究領域稱為X射線天文學，與電波天文學並列為探求宇宙結構與演變的支柱**。

宇宙背景輻射的詳細資料（第139頁的圖3-10）也是利用人造衛星觀測所得到的結果。

而且，當我們藉由火箭將天文望遠鏡送到大氣層之外時，因為少了大氣的擾動，「可見光窗」內的光也會變得更清楚，可以拍出更為鮮明的星體照片。1990年時，**哈伯望遠鏡**被送上560km的高空軌道，因傳送回許多地面望遠鏡所看不到的鮮明宇宙照片而聞名。

人造衛星所拍攝的照片或觀測到的電磁波資料，會在人造衛星上轉換成電流訊號，以電波的形式通過「電波窗」傳送回地球。

極光的成因與顏色

——極光與霓虹燈的原理相同

雖然台灣看不到極光，不過去到北歐、阿拉斯加、加拿大等高緯度地區，就可以在夜空中看到靜謐舞動著、華麗而神祕的極光。單以肉眼觀看時，其實看不出什麼鮮豔的色彩，只會覺得是一團乳白色的東西，第一次看到的人可能還分不出極光和雲的差別吧。這是因為極光的亮度相當低，人眼若要識別出物體的顏色，那麼該物體至少要有0.5～1勒克斯以上的亮度（圖3-12），然而極光的亮度在這之下。

1勒克斯的亮度約為1m外的蠟燭亮度，差不多是滿月之夜的亮度。然而一般的極光，其亮度大約只有0.01～0.1勒克斯（約為3m～10m外的蠟燭亮度），故肉眼幾乎看不出極光的顏色。目前已知最亮的極光約為1勒克斯左右，看到這種極光時，或許就可以看出它淡淡的顏色了。

以相機拍攝極光的照片時，只要曝光時間夠長，就可以蒐集到足夠的光量，故可以清楚捕捉到有顏色的極光樣貌（照片3-5，參考卷首彩圖）。多數情況下，我們觀察到的都是綠色的極光，運氣好時則可以看到紅色的極光。有時甚至還會出現藍色或粉紅色的極光。

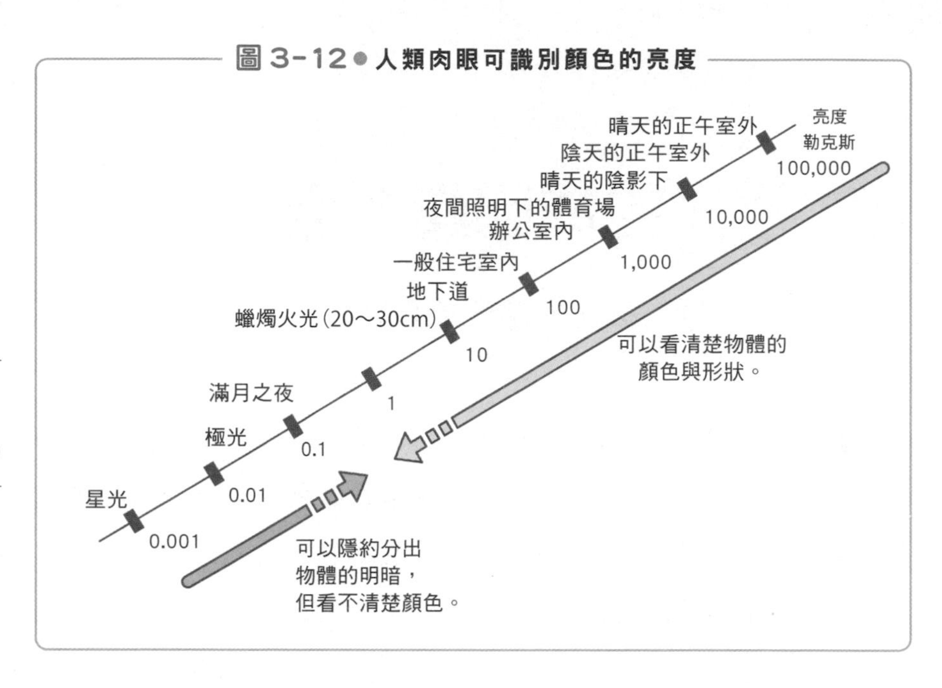

極光的能量來源是從太陽飛來的**電漿流（原子被分成帶正電的質子及帶負電的電子後所形成的粒子流）**。這叫做「**太陽風**」，由100萬度以上的高溫日冕噴出後，經過三天左右抵達地球。這種電漿流由帶電粒子組成，與銅線一樣是電的導體。

地球是一個很大的磁鐵，當電漿流橫切過地球的磁力線時，可視為導體的電漿內就會產生電流，以和發電機相同的原理產生電力（參考第109頁的專欄）。其產生的電力非常強，可達10億kW（相當於約1000個核能電廠），是一個巨大的電漿發電廠。而這些電力中，有一部分會在地球的高緯度地區產生放電現象，便會產生極光。

來自太陽的電漿流所運載的電子，被電漿發電廠的電力所生成之高壓電（正確來說應該是強烈電場）加速，接著撞擊到大氣層中的空氣原子（或分子）後，如圖3-13（a）所示，原子內的電子在接受到這些能量時會轉變成**激發態**（詳細狀況請參考第159～161頁的專欄）。激發態的原子不久後會變回原本的**基態**（圖3-13（b）），這時會放射出相當於兩電子軌道能量差之波長的光線，這就是極光。

電子軌道的能量差取決於原子的種類，故放射出來的極光波長亦取決於此（圖3-14）。撞上原子之電子的能量愈高，便能將在原子軌道內繞行的電子激發到能量愈高的軌道，而當電子回到原來的軌道時，如果能量差很大，就會放射出波長較短的藍色光；如果能量差在中間，就會放射出綠色光；如果能量差較小，就會放射出紅色光。

極光發生在距離地表80km～500km左右的高空中。若要產生

圖3-13● 極光的發光原理

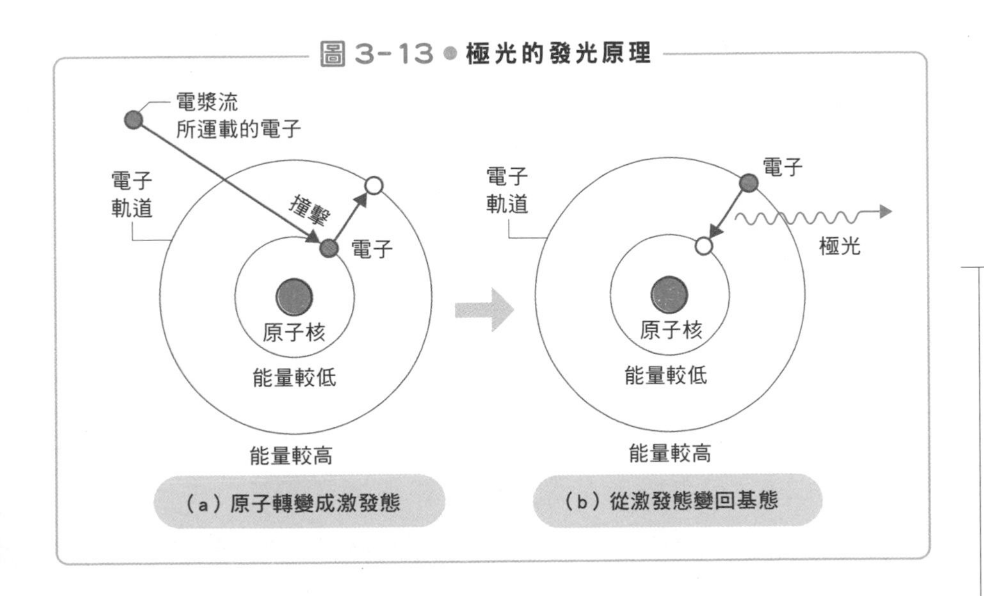

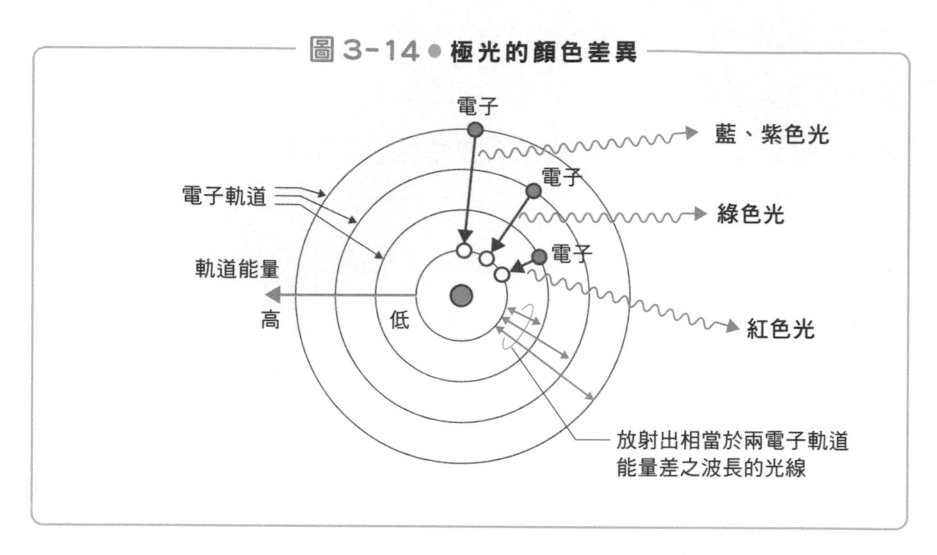

足夠亮的極光，需要一定數量以上的空氣原子、分子，然而500km以上的高空中，空氣量並不夠。相反的，要是空氣密度過大的話，被電子撞擊後成為激發態的原子在回到基態以前，容易與其他原子或分子撞擊、喪失能量，而沒辦法放射出光線。另外，電子也會在前進的半途就與空氣的原子、分子相撞，無法抵達太低的天空。在以上因素的影響下，使極光的高度有一定的限制。

極光的顏色是由空中的空氣原子、分子種類決定的。主要有綠、紅、藍、粉紅等顏色。綠色極光是由氧原子產生，發生在100km～200km的高度；紅色極光也是由氧原子產生，發生在200km以上的高空。之所以會有不同顏色，是因為兩種氧原子在激發態時的電子軌道有所不同。

照片3-5（參考卷首彩圖）中，綠色極光和紅色極光的界線大約就是200km的高度。藍色極光是由氮分子所產生，發生在

圖 3-15 ● 霓虹燈的原理

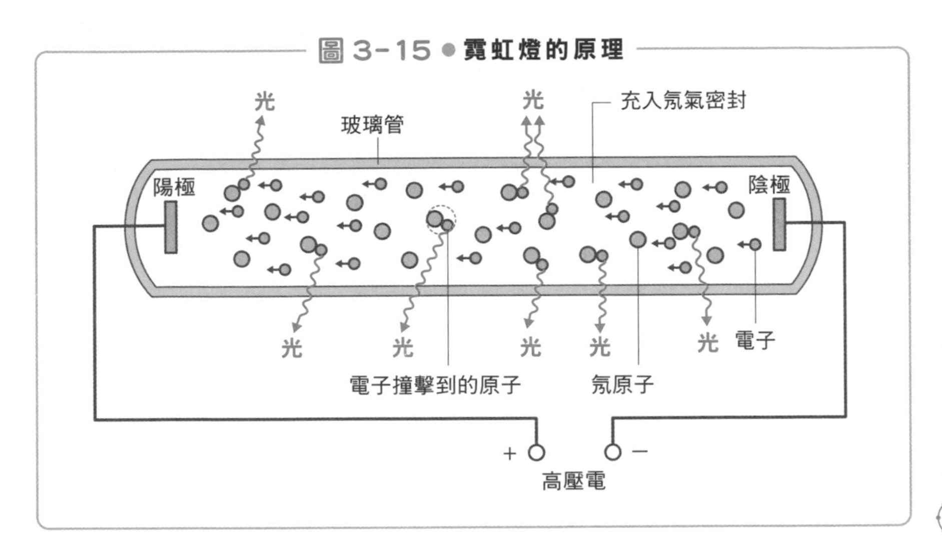

80km ～ 120km的高度，可以在窗簾狀極光的下擺附近看到。不過隨著激發情況的差異，氮分子也可能會發出紅光，此時就可以看到由藍色與紅色混合而成的粉紅色極光。

綜上所述，極光就是發生於高空的自然放電現象。在一般的放電現象中，當高速前進的電子撞擊到氣體的原子時，會使原子變成激發態，隨後原子會自行回到基態，並根據氣體的原子放射出相應波長的光線。這種放電現象也可以人工產生，點綴著夜晚街道的霓虹燈就是一個代表性的例子。換句話說，霓虹燈發光的原理與極光的生成原理相同。

圖 3-15 為霓虹燈所使用的放電管之原理。將玻璃管抽成真空，充入0.002 ～ 0.004 氣壓左右的低壓氖氣，再於玻璃管兩端的電極（陽極與陰極）施加1000 伏特以上的高壓電。這麼一來，從陰極飛出之帶負電的電子會在高壓電之下，加速往帶正電的陽極前進。

電子在前進的過程中撞到氖原子的話，便會使原子變成激發態，當氖原子從激發態回到基態時，便會發出紅色的光，其發光原理與極光相同。這就是我們看到的霓虹燈。充入的氣體是氖時會因為氖原子而發出紅光，若改成充入其他元素的氣體，如汞、氬、氮的話，就會呈現出其他顏色。

3-11 各種物質所發射出來的光譜

——當激發態的電子回歸基態時

如3-2 節所述，將任何物體加熱至高溫時，會放射出光（電磁波）。這與黑體輻射類似，由於會放射出用普朗克的公式計算出的所有波長，這個光譜由連續的波長組成，故稱為「**連續光譜**」。太陽光與電燈的光皆為連續光譜。

相較於此，前一節提到極光與霓虹燈所發出來的光，顏色（波長）是固定的，以光譜表示的話，只有在某幾個波長會出現線條，因此被稱為「**線狀光譜**」，又由於這種光譜由亮線組成，故也被稱為「**亮線光譜**」。**線狀光譜的波長由元素決定，故只要知道線狀光譜的波長，就可以知道該光線是由什麼元素（的原子）所發出的**。

接著，讓我們來看看原子中結構最簡單的氫（H）原子所發射出來的線狀光譜長什麼樣子吧。

將氫氣充入放電管內，降低壓力，再通以高壓電，便會出現放電現象，發出紫紅色的光芒。使這個光通過分光器，將其分成不同波長的光，可得到四條線的線狀光譜，如圖3-16 所示。圖中僅顯示可見光範圍內的光譜，事實上，在眼睛看不到的紫外線與

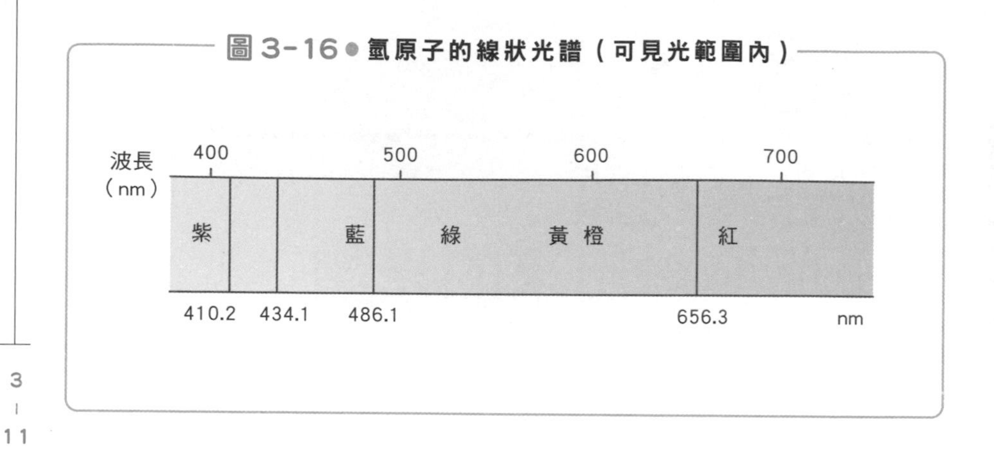

紅外線區域中，還存在著許多的線狀光譜。

如專欄（第159～161頁）的圖3-C所示，這些線狀光譜是原子變為激發態後，電子從能量較高的外側軌道回到能量較低的內側軌道時所發出來的光，而不同電子軌道之間的能量差，會對應到特定波長的光（和極光、霓虹燈一樣）。線狀光譜之所以會有好幾條線，是因為電子原先的軌道與後來的軌道有許多種不同的組合。

以氫原子為例，請參考圖3-17。氫原子吸收外來能量轉變成激發態時，位於最內側軌道的電子會移動到能量較高的外側軌道。電子會移動到哪個軌道，由它吸收到多少能量決定。即使在同一個放電管內，每個原子所吸收到的能量也會有所差異。移動到外側軌道的電子狀態並不穩定，所以它會企圖回到內側軌道以恢復成穩定的狀態。此時外側的電子會回到哪個內側軌道，則由各式各樣的條件決定。

圖3-16四個波長的光線，分別對應到圖3-17中，位於原子外

側M層、N層、O層、P層軌道之電子回到L層軌道（參考專欄的圖3-B）時所放出來的光線。瑞士的一所女子學校老師**巴耳末**發現這些光的波長有一定的規律（1884 年），故這四個波長的光線也被稱為「**巴耳末系**」。除了巴耳末系之外，氫的線狀光譜還有很多系列，譬如說當激發態原子的電子回到最內層的K層軌道時所放射出來的光（皆為紫外線），就被稱為「**萊曼系**」。

不只是氫，其他物質的原子吸收外部能量後也同樣會變成激

圖 3-17 ● 氫的線狀光譜的形成原理

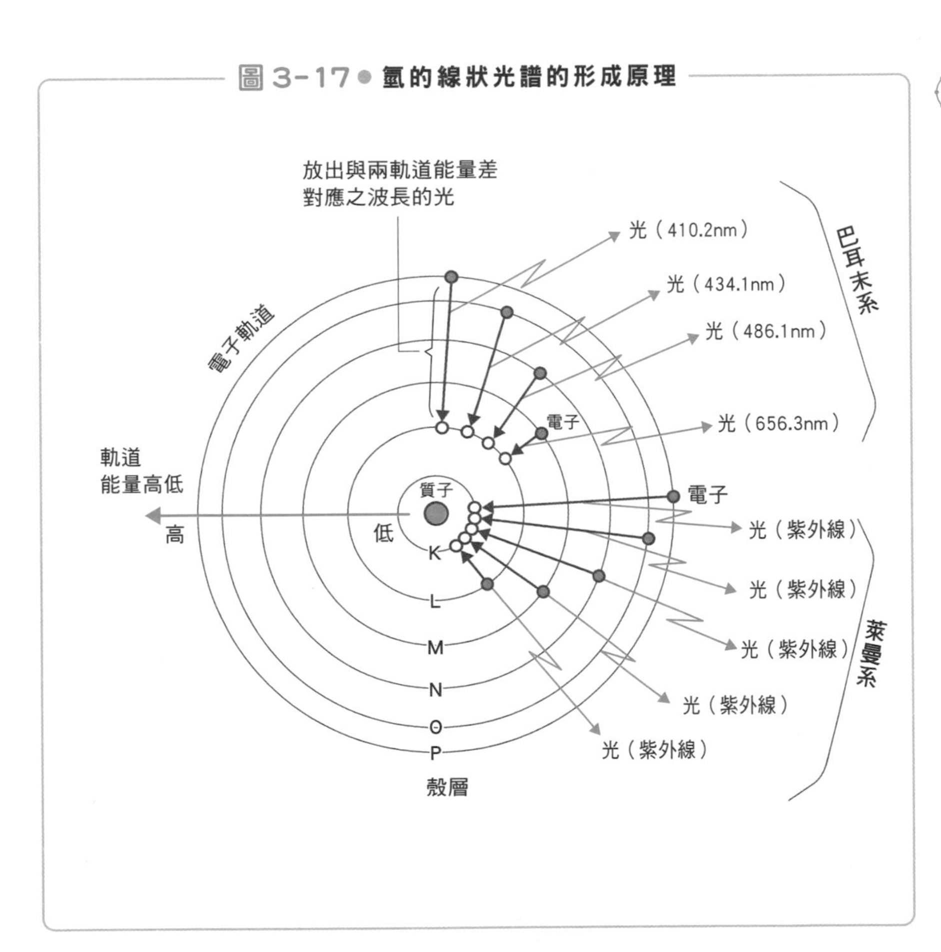

發態，之後回到基態時也會放出特定波長的光線，而其線狀光譜則由該物質（元素）的種類決定。故只要研究該光線的線狀光譜，就可以知道這種物質是由什麼元素組成，這又稱為光譜分析。

不知各位在廚房煮湯時，是否有過鍋中的湯汁溢出滴到瓦斯火焰上，使火焰的顏色瞬間變成黃色的經驗呢？這被稱為**焰色反應**，當我們將含有某種元素（鹼金屬與鹼土金屬等）的試樣放入無色高溫的火焰中時，火焰的顏色會對應到元素固有之線狀光譜的顏色。這個火焰的顏色會是激發態的原子所釋放出來的線狀光譜中，某個強度特別強之波長的光。由這樣的性質，我們可以定性分析未知試樣含有哪些成分。舉例來說，食鹽（NaCl）的焰色反應中，焰色會是鈉（Na）所發出來的黃色。前面提到溢出的湯汁滴到瓦斯火焰上時之所以會呈現黃色，是因為湯汁內含有食鹽而產生了焰色反應的關係。

綻放於夏季夜空的大型煙火有著各式各樣的顏色，讓觀看的群眾連聲讚嘆。事實上這也是焰色反應的應用之一。煙火的顏色取決於和火藥一起打上天空的是哪種元素的化合物。舉例來說，紅色煙火會用到鍶（Sr）、橙色是鈣（Ca）、黃色是鈉（Na）、綠色是鋇（Ba）、藍綠色是銅（Cu），而在做成煙火時，會使用容易氯化的化合物。

用光譜研究宇宙中的物質

——從天體的速度，到宇宙的膨脹

如前一節所述，高溫物質內的原子會依其元素的種類，釋放出特定波長（亮線光譜）的光線。相對的，低溫物質內的原子亦會依其元素的種類吸收特定波長的光線，這被稱為「**吸收光譜**」，與該元素的亮線光譜相同。若高溫氣體與觀察者之間存在低溫氣體，那麼低溫氣體內的各種原子、離子等粒子就會分別吸收其特定波長的光線，使觀察者觀察到吸收光譜（吸收線）。

太陽光為連續光譜，但若我們仔細研究這個光譜，會發現其中含有幾條較暗的線（**稱為暗線或吸收線**）。德國的**夫朗和斐**（1814 年）詳細研究了這個吸收光譜，故這些太陽光譜中的許多暗線就以他的名字命名，稱為「**夫朗和斐譜線**」。

圖 3-18（參考卷首彩圖）列出了太陽光的光譜中可看到的夫朗和斐譜線，以及代表性的元素。其中亦包含了地球大氣層所吸收（氧分子吸收）的光譜，不過大部分是太陽表面氣體所吸收的譜線。

吸收特定波長的氣體粒子數量愈多，光譜上的暗線就愈明顯，故在分析夫朗和斐譜線後，我們便可得知太陽的大氣層內所包含的元素種類與含量。結果發現，太陽的大氣成分中，氫占70.7%、氦占27.4%，其他元素全部共占1.9%（皆為質量比）。由此我們可確認太陽是藉由核融合反應將氫轉換成氦，並釋放出大量熱能，故太陽的主要成分為氫與氦。

而圖3-18 的夫朗和斐譜線中，氫的吸收光譜與圖3-16 所顯示之氫的亮線光譜，波長完全相同。

就算我們無法直接飛出宇宙去調查太陽，只要像這樣分析太陽光的亮線與暗線，便可以得知太陽包含了哪些物質（元素）。不只是太陽，研究距離地球幾千光年、幾萬光年、幾億光年的星體時，也可藉由它們的光譜確認這些星體含有哪些元素。

另外，我們還可藉由光譜線波長的差異來測量星體的速度（從地球看出去的方向和速度）。光也是一種波，故與聲音和電波一樣有所謂的**都卜勒效應**（參考第60～61頁）。若星體正在靠近太陽系，夫朗和斐譜線會往波長較短的方向（藍色方向）位移；若星體正在遠離太陽系，夫朗和斐譜線會往波長較長的方向（紅色方向）位移。故只要知道波長的變化，便可以知道該星體正在靠近太陽系還是遠離太陽系，以及星體的移動速度。宇宙正在膨脹的事實也是像這樣測量之後得到的結果。

觀察星體的光譜可以瞭解星體的組成、運動等資訊。由光譜線的強度（某個波長的光的放射量或吸收量）可以知道星體的組成，也就是與光的放射和吸收有關的分子及原子有多少，而由都卜勒效應則可知道星體的速度等。除了星體的元素組成之外，還可以知道星體的溫度和壓力等資訊。

這些研究讓我們可依光譜為恆星分類。原本看起來像是一個點的恆星沒辦法依形狀分類，卻可藉由光譜分析觀察到氫與其他各種元素的吸收線，使我們能分出各種星體的差異。另外，光譜分析也讓我們發現了許多因為溫度較低不會發出可見光，故至今為止沒被觀測到的新星體。這些星體因為內部沒有核融合反應，無法產生出能量，故溫度較低，被稱為棕矮星。由這些星體的紅外線光譜，可以知道這些星體上含有水蒸氣及甲烷等分子。

綜上所述，將光譜分析應用於星體觀測，可以說在天文學掀起了巨大的變化。以往天文學家們僅專注於研究星體的位置與形狀，想藉此瞭解宇宙的樣貌。**在出現光譜觀測後，不只是太陽，我們甚至還可以知道宇宙中其他星體是由哪些物質組成，也確定了宇宙正在膨脹的這個事實**。

3-13 尋找「第二地球」

——由吸收光譜分析大氣成分

最近能引起大家興趣的天文學話題中，「第二地球」應該也是熱門話題之一吧。「第二地球」指的是與地球擁有相同環境，大小也相似的行星，人們期待能在這樣的行星上找到生命存在的證據。在尋找「第二地球」時，光譜分析也扮演了很重要的角色。

可惜的是，太陽系並不存在第二地球。有人認為數億年前，地球旁邊的火星可能有生物存在。但就現在的火星來說，不僅沒有大氣，溫度也相當低，對生物而言是一個相當嚴苛的環境。而地球另一邊的金星表面溫度高達470 度，對於生命來說也是個無法生存的環境。幸運的是，我們的地球與太陽之間的距離剛剛好。像這種與恆星（太陽也是恆星）之間有適當的距離，使水這種生物不可或缺的物質能以液體形式存在的區域，就叫做「**適居帶（適合生命生存的區域）**」（圖3-19）。位於太陽系適居帶上的行星僅有地球一個而已。

於是人們便開始試著在太陽系以外的地方尋找與地球類似的行星。即使用天文望遠鏡來觀察星體，恆星看起來也只是一個點而已，更不用說比它更遠的小小行星，根本不可能用肉眼看到。因此我們會使用以下方法來尋找行星。

圖 3-19 ● 可能存在「第二地球」的適居帶

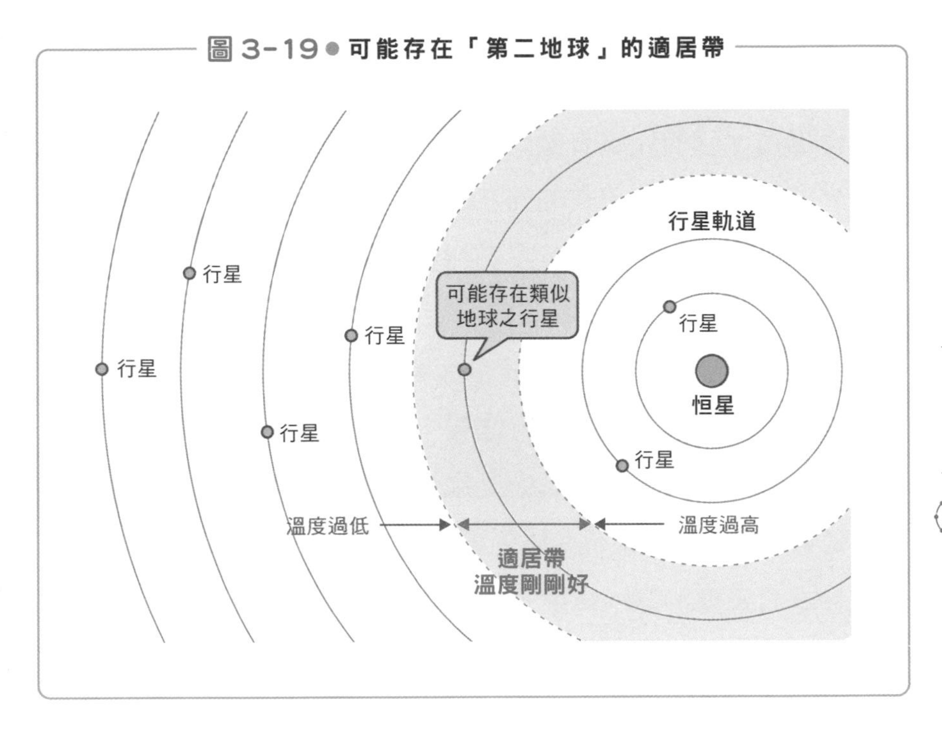

如果恆星周圍有行星的話，每當行星擋在恆星前面時，恆星的亮度就會週期性地變暗一些。若發現這個現象，我們就知道這裡存在行星，並可由變暗的程度與週期計算出行星的大小。不過，因為恆星的亮度變化極其微小，故在地表觀察的話會因為大氣的擾動而觀測不到。於是美國的NASA便在2009 年時，將探測行星專用的**克卜勒太空望遠鏡**送上太空，並藉此發現了近5000 個行星。其中有幾個行星正好位於適居帶，並擁有岩石地表，這些行星上很有可能存在液態的水。

而NASA也在2018 年時，發射了性能比克卜勒太空望遠鏡更強的TESS太空望遠鏡，希望能藉由搜尋更廣大的範圍，發現第二地球。

將由恆星發出直達地球的光，以及穿過恆星周圍的行星大氣層後再抵達地球的光拿去做光譜分析後，可以看到通過行星大氣層的光會缺少一部分波長的光。故我們只要研究缺少的是什麼顏色（波長）的光，就能由吸收光譜分析出行星大氣層的成分。若缺少紅外線的話，表示大氣層內可能含有水蒸氣（H_2O）或二氧化碳（CO_2）；若缺少紫外線，表示大氣層內可能含有臭氧（O_3）。

在知道了行星大氣的成分之後，我們便可以推測該行星是否存在生命。舉例來說，大氣中必須要有氧氣。地球的大氣中約有兩成是氧氣，由於氧氣容易與各種物質（譬如說鐵）形成化合物，故要是沒有生命的話，氧氣不可能會一直維持這個比例。要是我們在行星的大氣中發現臭氧或氧氣的話，就表示該行星很有可能存在能產生氧氣的生命。

目前全世界的天文學家正致力於分析各行星的大氣成分，但很可惜的是還沒有得到我們想要的結果。不過，尋找第二地球的研究在這二十年來確實已經有很大的進展。之後人們還會陸續建造出許多大型天文望遠鏡，或許到了那時，就可以發現很多個「第二地球」的候選行星了。

物理之窗

原子結構

圖3-A是一個較簡單的原子結構示意圖，在這個模型中，電子環繞在原子核的周圍。

圖（a）是元素週期表的第一個元素氫原子（H）的結構，只有1個電子。其他元素的原子則含有為數更多的電子，如氧原子（O）就有8個電子環繞在原子核的周圍。

電子只會在固定的軌道上環繞，以氧原子為例如圖（b）所示，內側的軌道有2個電子，外側的軌道有6個電子。電子帶有負電荷，所以原子核內含有帶正電荷、與電子數目相同的粒子（質子）。故整個原子的正負電荷數相同，為電中性。

原子所含有的電子數（質子數亦同）由元素種類決定，元素的原子序也是同一個數字（只要看過元素週期表便知道了）。舉例來說，核能發電時使用的鈾（U：原子序為92）原子內，就有92個電子環繞在原子核的周圍，而原子核內也含有92個質子（鈾的原子核除了質子之外，還包含了134～148個中子）。

電子的軌道環繞著原子核，是一層薄薄的區域，又叫做「**電子層**」（也可稱為「殼層」）。不同種類的原子中，電子可存在

圖3-A●原子的結構

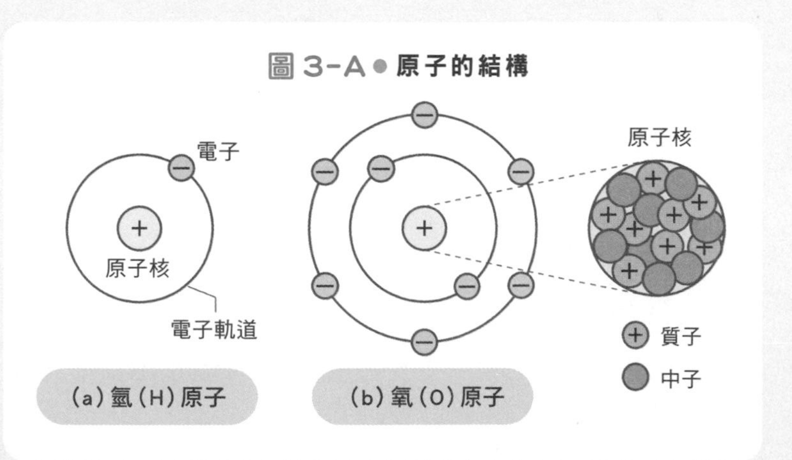

的殼層是固定的。

這些殼層如圖3-B所示，由內側開始分別以K、L、M、N……等符號表示（事實上，電子的軌道比這個更複雜，這裡為了方便說明，將電子軌道的概念單純化）。

每一個殼層最多可容納的電子數是固定的，K層有2個、L層有8個、M層有18個、N層有32個……另外，每個殼層的能量也是固定的，愈內側的殼層能量愈低，愈外側的殼層能量愈高。電子在能量低的狀態下比較穩定，故多數電子會從能量較低的殼層開始依序填入。

圖3-C的原子模型中，電子位於能量較低的殼層軌道時，這個狀態稱為「**基態**」。若在這個狀態下對原子施加外來能量（熱、光、外部電子的撞擊等），電子就會吸收這些能量，移動到能量較高的軌道，這個狀態就是所謂的「**激發態**」。

不過激發態的原子相當不穩定，所以電子馬上又會回到原來的殼層，變回「基態」。此時，電子會放射出相當於兩個殼層之能量差的特定波長（特定頻率）光線。也就是會如第118頁的說明般，依照普朗克的能量公式$E=h\nu$（h：普朗克常數、ν：頻率），釋放出特定波長ν的光線。隨著原子種類的不同，殼層間的能量差也會不同，故不同種類的原子（元素），會固定放射出不同波長（顏色）的光。

圖3-B● 填入電子層的電子

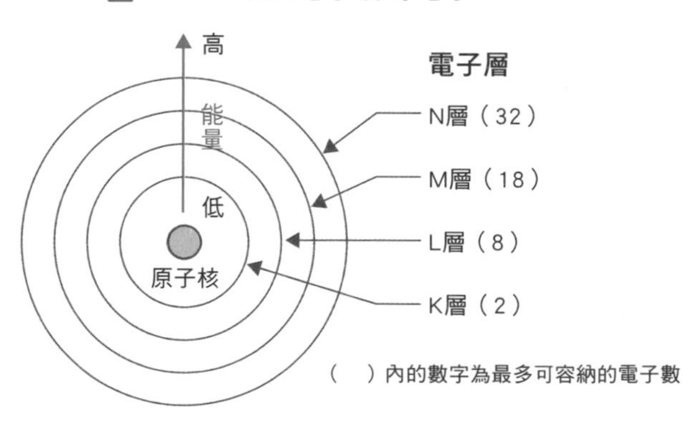

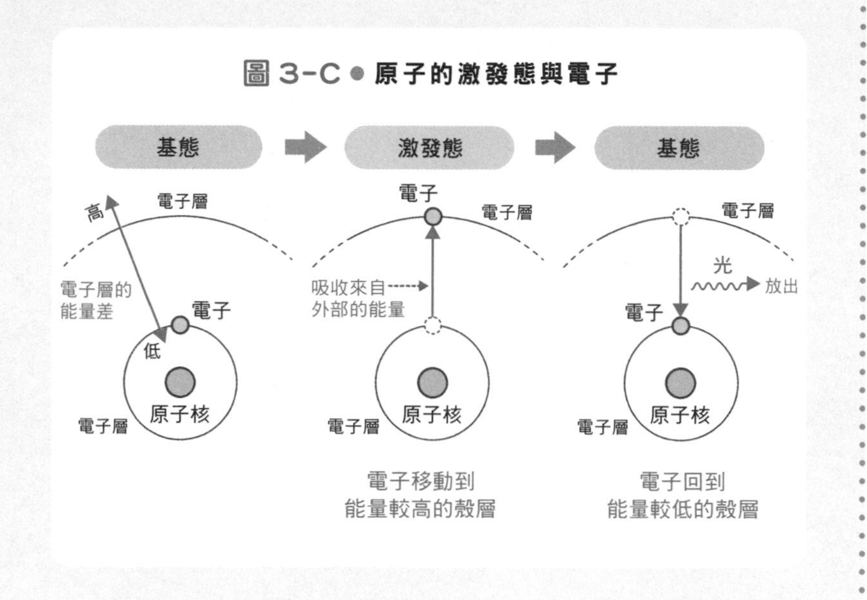
圖 3-C ● 原子的激發態與電子
基態
激發態
基態
高
電子層
電子層的
能量差
電子
低
原子核
電子層
電子
電子層
吸收來自
外部的能量
原子核
電子層
電子移動到
能量較高的殼層
電子層
光
放出
電子
原子核
電子層
電子回到
能量較低的殼層

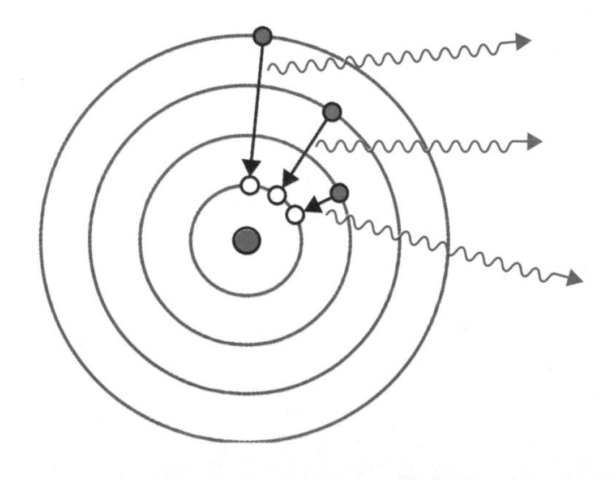

第4章

光的各種性質

光擁有波的性質

——楊格的光干涉實驗

光是波長比電波還要短的電磁波，與電波一樣有著直線前進、繞射、反射、折射、干涉等波的性質。在本書第22～29頁，與電波有關的說明圖中，圖1-9～圖1-15（除了圖1-12之外）中，將電波換成光，也同樣適用於圖中的說明。因此在很長的一段時間內，光都被認為與電波同樣是波。

證明了這點的是19世紀初，由英國的物理學家**楊格**所進行的**干涉實驗**。

圖4-1為楊格所提出的「光的干涉實驗」的原理。圖（a）中，由同一個光源所發射出來的光（單色光）在穿過擋板上極小的縫隙（狹縫）S_1及S_2後，會產生繞射現象。光線穿過狹縫後繼續往右方擴散，會投影在一個與擋板平行的屏幕上。如果光是波的話，通過S_1與S_2的兩個波會在屏幕上彼此重疊產生干涉，和第31頁的圖1-16一樣。前面我們說明過，圖1-16的範例是電波，故當波峰與波峰重疊、波谷與波谷重疊時，電波會變得更強；當波峰與波谷重疊時，電波會變弱。光也一樣，當波峰與波峰重疊或波谷與波谷重疊時，光會變得更強（更明亮）；當波峰與波谷重疊時，光則會變弱（變暗）。

圖 4-1● 楊格的光干涉實驗

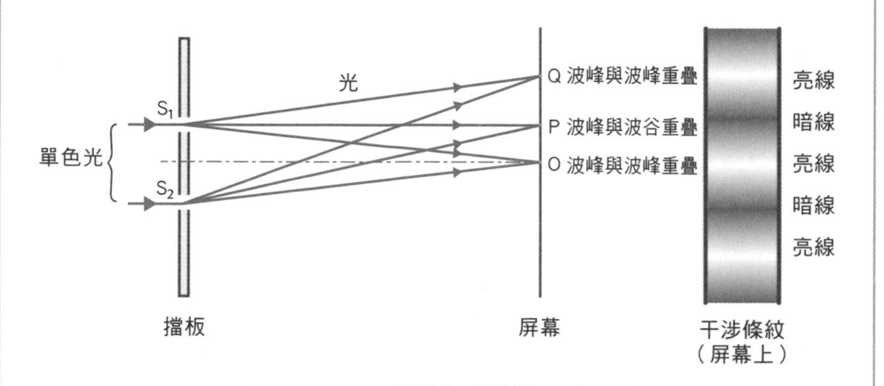

（a）由光的干涉所產生的條紋

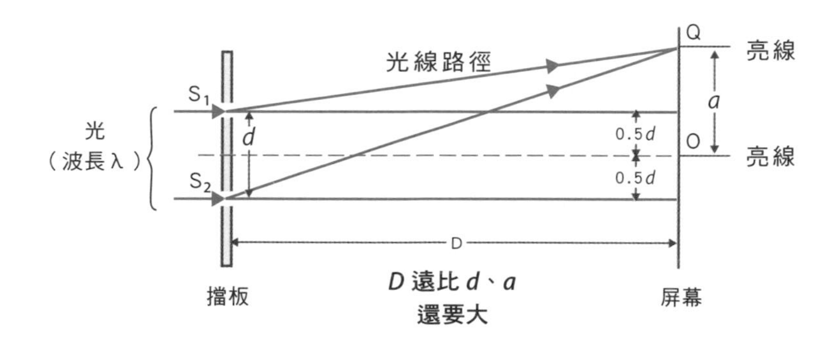

$$\overline{S_1Q} = \sqrt{D^2+(a-0.5d)^2} = D\sqrt{1+\left(\frac{a-0.5d}{D}\right)^2} \fallingdotseq D\left\{1+\frac{1}{2}\left(\frac{a-0.5d}{D}\right)^2\right\}$$

$$\overline{S_2Q} = \sqrt{D^2+(a+0.5d)^2} = D\sqrt{1+\left(\frac{a+0.5d}{D}\right)^2} \fallingdotseq D\left\{1+\frac{1}{2}\left(\frac{a+0.5d}{D}\right)^2\right\}$$

$$\overline{S_2Q} - \overline{S_1Q} = \frac{1}{2D}\left\{(a+0.5d)^2-(a-0.5d)^2\right\} = \frac{d}{D}a$$

（b）光干涉的計算過程

屏幕上的點O剛好位於S_1與S_2的正中間，O與S_1和O與S_2的距離相等，故通過這兩個狹縫後抵達O處的光，會是波峰與波峰重疊、波谷與波谷重疊的狀態，這使得波峰與波谷的振盪幅度變為2倍，讓O處的光線特別亮。而對於屏幕上點O附近的點P來說，S_2-P的距離比S_1-P的距離多了半個光波長，故通過這兩個狹縫後抵達P處的光，會因為波峰與波谷重疊而變暗。對於再遠一點的點Q來說，S_2-Q的距離比S_1-Q的距離多了一個光波長，使抵達點Q的光會是波峰與波峰重疊、波谷與波谷重疊的狀態，故Q處又會是相對較亮的區域。

對於屏幕上的某個點來說，若該點與S_1的距離和該點與S_2的距離差（光程差）是光波長的整數倍，通過兩個狹縫抵達該點的光就會是波峰與波峰重疊、波谷與波谷重疊的狀態，使該點變得相對較亮。若距離差是光的半波長的奇數倍，那麼抵達該點的光就會是波峰與波谷重疊的狀態，使該點變得相對較暗。於是，屏幕上就會顯示亮線與暗線交替出現的條紋。這就是光的干涉，由干涉形成的條紋圖樣，稱為「**干涉條紋**」。在楊格進行的實驗中，也出現了以屏幕上的O為中心，交互出現亮線暗線的干涉條紋，這便成為了光是波的證據。

屏幕上亮線與暗線出現的位置，與光的波長有很密切的關係。如圖4-1（b）所示，設擋板上狹縫的間隔為d、擋板與屏幕間的距離為D、光波長為λ，因為S_2Q與S_1Q的光程差等於波長λ，所以屏幕上相鄰亮線間的間隔a就會等於$D\lambda／d$（設D遠大於d及a）。由於D和d的數值為已知，故只要量出亮線的間隔a是多少，就可以計算出波長λ。

這個公式稍微有些複雜，有興趣的讀者可以試著照圖上的說明自己計算看看（圖中公式會用到畢氏定理）。

到了19世紀中時，馬克士威發表了電磁波理論（參考第88頁），在理論上證明了光與電波是同一種東西，光是一種波的概念才被大家接受。

4-2 繞射光柵

——可用來測量波長

光是一種波，故會繞到障礙物的後方，這又叫做「**繞射**」。前一節提到的楊格實驗說明了光有干涉作用，但其實這個實驗中也有出現我們在第24～25頁說明過的電波繞射現象。而我們可以藉由光的繞射現象，如楊格的實驗（第164頁）般，計算出光的波長。這時我們需要用到「**繞射光柵**」這個工具。

繞射光柵是一個正反面平行的玻璃板，玻璃板的其中一面刻有許多彼此平行、間隔相等的直線溝槽，每1mm的長度內包含了500～1200條溝槽。若將光（假設是可見光）射向這個光柵，射到溝槽內的光會因為漫射而難以穿過光柵，而射到非溝槽之平面部分的光則會穿過光柵（圖4-2（a））。也就是說，繞射光柵就像是將楊格干涉實驗中的兩個狹縫改成了許多狹縫，且將狹縫的間隔變得極小的版本。玻璃板上溝槽與溝槽之間可以讓光通過的平坦部分，就像是楊格實驗中的狹縫一樣。

若將光線垂直射向繞射光柵，打到溝槽部分的光會被擋下來，只有打到平面部分的光能穿過光柵，而穿過光柵的光線會在繞射後，於後方的屏幕上呈現出干涉條紋。其原理與楊格的干涉實驗完全相同，不過楊格的實驗中只有兩個狹縫，而圖中的繞射光柵則有多個狹縫，所以通過光柵的光會全部疊加在一起，形成更強、更銳利的條紋。

圖4-2（b）說明了通過繞射光柵的光產生干涉現象的條件。假設進入繞射光柵的光通過狹縫後產生繞射，繞射光的方向與原本的入射光夾角為θ，並設狹縫的間隔（溝槽寬度）為d，那麼由圖中說明可以看出，通過相鄰兩個狹縫的光在抵達屏幕時的光程差就是$d\sin\theta$。當光程差為光波長 λ 的整數倍時，由相鄰狹縫所射

圖 4-2● 繞射光柵

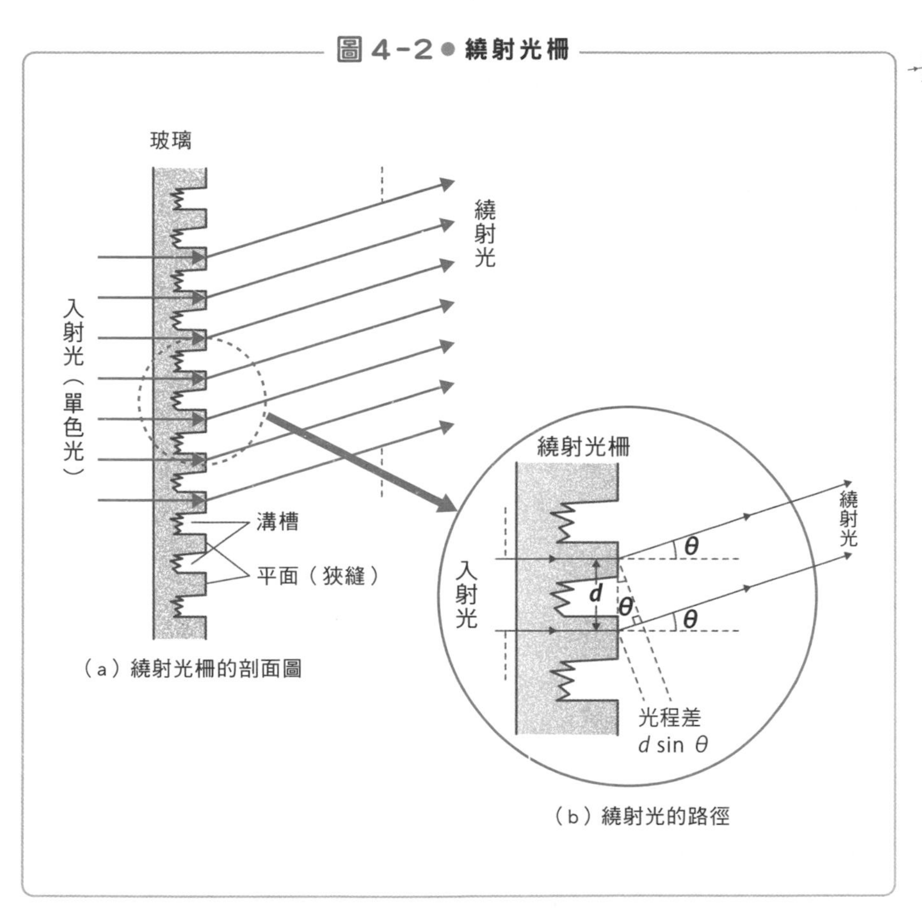

（a）繞射光柵的剖面圖

（b）繞射光的路徑

出的光就會出現強烈干涉。而且不只是相鄰狹縫的光，其他所有狹縫所射出來的光都會疊加在一起，得到相當亮的亮線。另一方面，光程差為半波長之奇數倍的光就會彼此抵消，變成暗線。這與楊格的實驗相同，我們也可以從屏幕上干涉條紋中亮線與亮線的間隔，計算出光的波長。

用繞射光柵做實驗時，可以得到更銳利的亮線，故可計算出較為精確的光波長。另外，隨著光波長的不同，繞射光與入射光的夾角θ也會不同。所以如果我們以白光照向繞射光柵，便會像三稜鏡般出現七色的光。

繞射光柵的狹縫間隔，必須與光的波長為同樣的數量級（與波長相同，或者是波長的數倍）。如果玻璃板上每1mm刻有1000 條溝槽的話，狹縫間隔就會是1/1000mm，也就是1 μm（＝1000nm），大約是可見光波長（380nm ～ 780nm）的2 倍左右，故可作為繞射光柵使用。

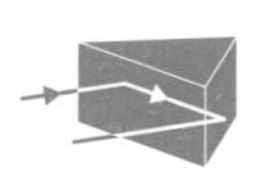

光通過結晶時可觀察到繞射

——由布拉格定律瞭解結晶結構

擁有類似光的性質的未知輻射線——譬如20世紀初時發現的X射線——也是一種電磁波。當人們試著去研究它是否也有波的性質時，只要確認X射線在通過繞射光柵時，是否跟可見光一樣會出現干涉條紋就可以明白了。不過，若要讓光產生干涉現象，條件是繞射光柵的狹縫間隔必須與光波長在同一個數量級才行，然而X射線的波長遠比可見光還要短，要以人工的方式製作出適合的繞射光柵並不是件容易的事。

於是有人就想到可以用**晶體光柵**來進行繞射。晶體如圖4-3所示，由空間中規則排列的原子所組成。原子的排列方式有相當多種，但每種排列方式都有其規律。不同晶體內，原子與原子的間隔也有所差異，不過大多是在0.1nm～0.3nm之間。若以這種晶體來代替繞射光柵，應該可以觀察到波長在1nm以下之電磁波的繞射現象才對。

如第126頁所述，自倫琴於1895年時發現X射線以來，人們有很長一段時間都不曉得它的真面目為何。直到1910年代時，人們才猜想它可能是一種波長非常短，小於1nm的電磁波。當時的人們對於晶體結構還不算非常瞭解，但至少知道晶體內的原子為規則排列，且原子間的距離約為0.1nm左右。這與人們猜想的X射線波長大致相同。

於是，德國的物理學家**勞厄**便試著用晶體來做實驗，以研究X射線的繞射現象。如圖4-4 所示，1912 年時，勞厄以X射線照射硫化鋅的晶體，發現屏幕上出現了如圖4-5 般的小型斑點（又叫做**勞厄斑**）。這些斑點就是X射線干涉現象的產物。在可見光的干涉實驗中，我們使用的是長條狀的狹長縫隙，會形成長條狀的干涉條紋，不過晶體內的原子是一個個點，故晶體的干涉圖案會呈現許多的斑點狀。由此便證明了X射線的真面目是波長極短的電磁波。

1913 年到1914 年間，日本理化學研究所的**寺田寅彥**博士與他

圖4-3 ● 晶體結構

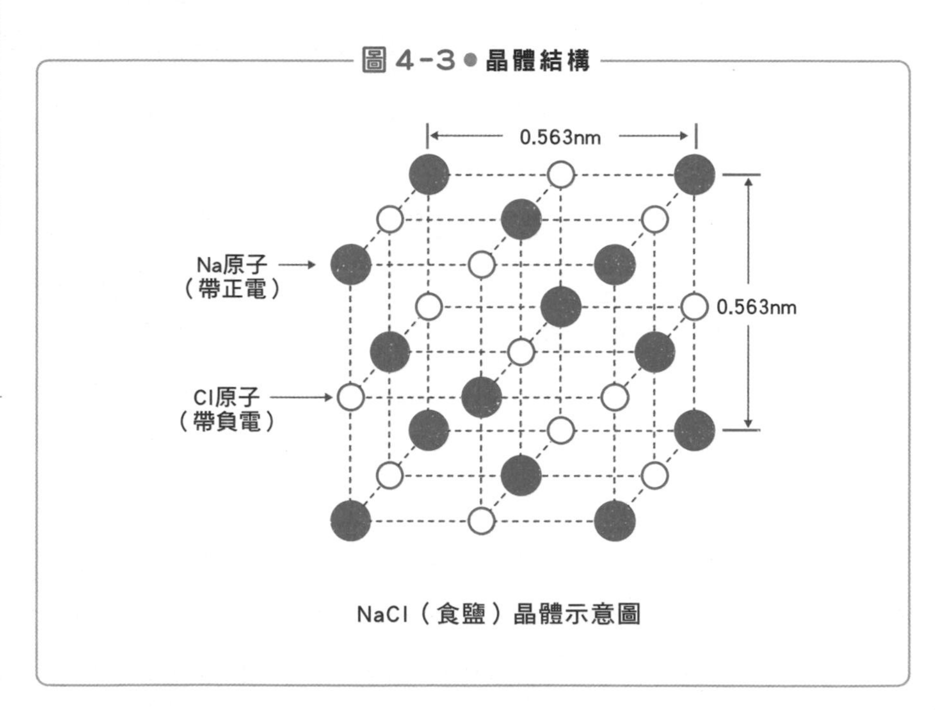

NaCl（食鹽）晶體示意圖

圖 4-4 ● 勞厄實驗的原理

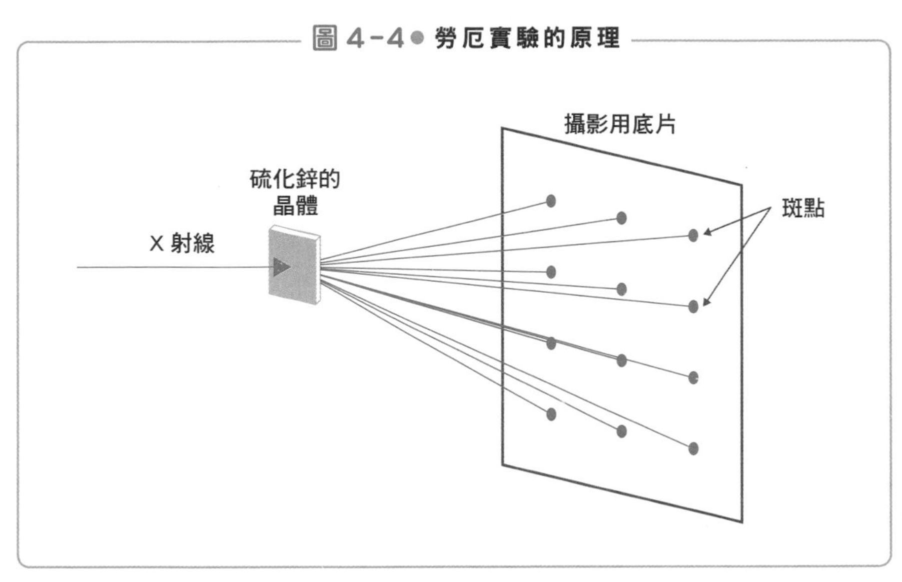

圖 4-5 ● 勞厄實驗得到的斑點

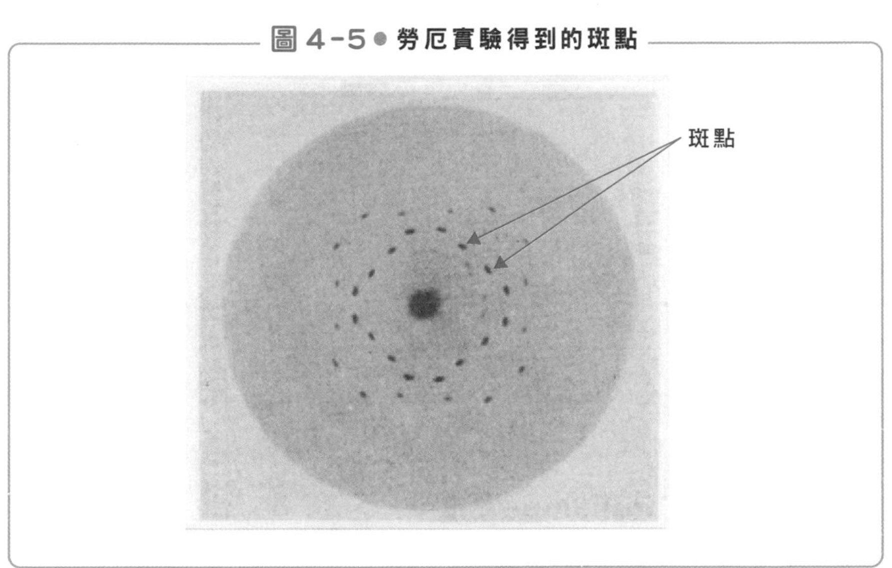

的弟子**西川正治**博士也用了各式各樣的結晶，成功拍出 X 射線繞射的照片。

X射線打到晶體之後，反射出的X射線會產生繞射、干涉現象，使看似散亂射出的X射線在某些特定方向上互相疊合增強。X射線的波長λ、X射線射向晶格面（原子構成的面）時的入射角θ、晶格面的間隔d，之間需要有一定的關係，才能產生繞射斑點。

圖4-6為晶體繞射的關係示意圖。以角度θ射向結晶之晶格面的光，會在碰到原子後以同樣的角度θ反射出晶格面。由圖可以輕易看出，沿著A→A′前進的光程1，與沿著B→B′前進的光程2，之間的光程差為$2d\sin\theta$。當這個光程差為光波長λ的整數倍時，沿著光程1與光程2前進的兩個光，波峰會與波峰重疊產生干涉現象，使光的強度增強。其他的光程也一樣。換句話說，當$2d\sin\theta = m\lambda$（m：正整數）成立時，可觀察到干涉現象。導出這個條件

圖4-6●布拉格定律

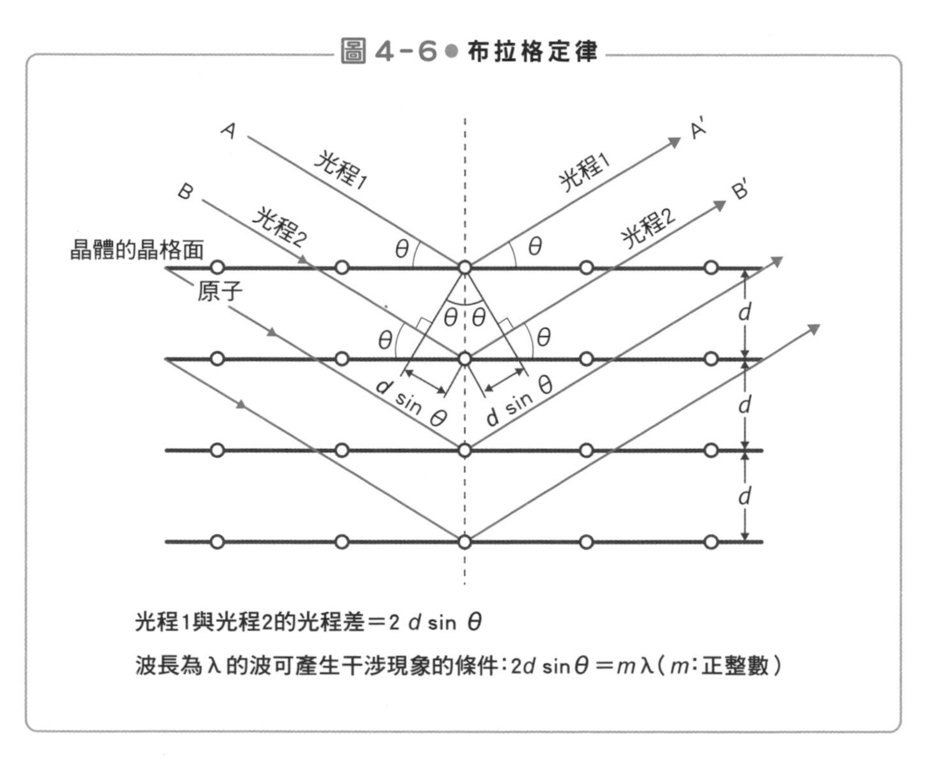

的是英國的物理學家**布拉格父子**，故又被稱為「**布拉格定律**」或「**布拉格條件**」。

這個布拉格定律可用在晶體結構的分析上。以某個特定波長的X射線，從各個角度照射結構有一定規律的晶體時，在某些角度上會產生強烈的X射線反射，而在其他的角度上則幾乎不會產生反射。故只要將已知波長為 λ 的X射線打向晶體，同時再使晶體旋轉至各個角度，就可以得到不同入射角時的繞射圖案（已知入射角 θ），接著再藉由布拉格定律，便可計算出結晶內原子的排列方式為何（可求出晶格面的間隔 d），以確定結晶的結構。布拉格父子就是用這種方式，第一個弄清楚鑽石的結晶結構（1913 年）。

4-4

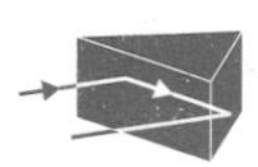

光是波還是粒子

——愛因斯坦的光量子假說

如前所述，我們已經知道光是一種電磁波，故擁有波的性質。但到了20世紀後，卻陸續發現光有一些無法以波的性質來解釋的現象。

當金屬被紫外線之類的光線照射到時，電子會從金屬表面飛出（圖4-7（a））。這又叫做「**光電效應**」，直到19世紀末左右，人們才知道這個現象。雖然電子平常被關在金屬內，不過只要被來自外部的光照到，就會吸收光的能量，脫離金屬原子的控制而飛

圖 4-7● 光電效應

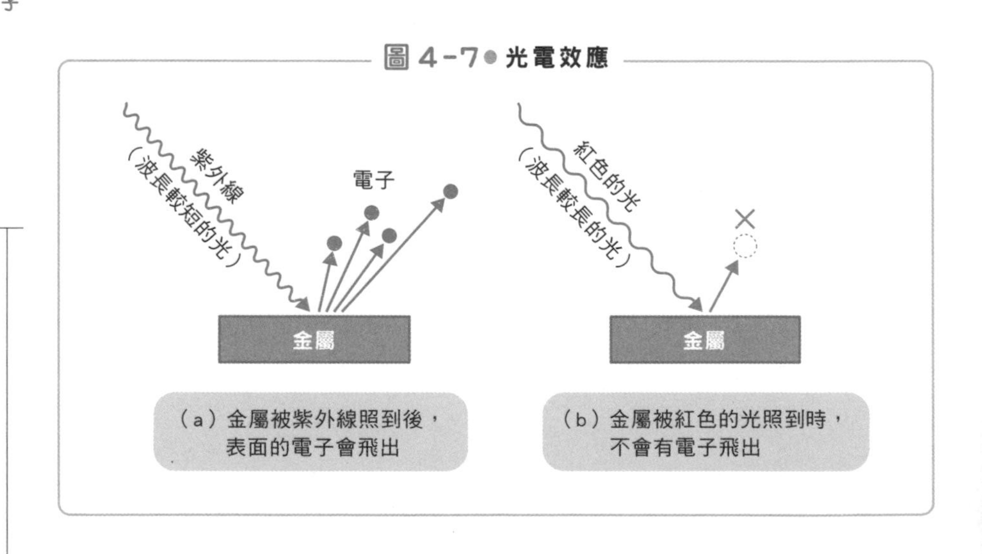

出。然而在經過各種實驗後發現，只有紫外線之類波長較短的光可以使電子從金屬表面飛出。若使用紅光等波長較長的光照射金屬，不管光的強度有多強，都無法讓電子飛出金屬（圖4-7（b））。相對的，如果是波長較短的光，即使強度很弱也可以讓電子飛出。當時許多人無法理解這種現象，如果光是波的話，愈強的光（波的振幅愈大的光）應該含有愈多能量，愈能使電子飛出才對，怎麼會和波長有關呢？

為了說明這種現象，以相對論著名的**愛因斯坦提出光為粒子的說法，他假設一個光的粒子（稱為「光子」）所含的能量與它一秒內振動的次數 ν 成正比**。他認為光是以能量聚合體的形式前進，且其能量存在最小單位，不能再被分割。這個最小單位就是名為光子的粒子。頻率愈高的光子打到電子時，可以讓電子動得更快，這表示該光子的能量愈高。光的波長 λ 為光的速度 c 除以頻率 v（$\lambda = c/v$），故波長愈短的光，能量也愈大。

若將光看成粒子，也就是光子的話，愈亮的光就表示光子的數目愈多。光電效應中，一個電子在同一時間內只會被一個光子打到。所以說，不管光子數增加多少（光有多亮），如果光的波長較長的話，單一光子所含有的能量比較少，就不足以將電子從金屬原子中打出來。如果光的波長較短，光子的能量就會比較大，能將電子從金屬原子中打出來，此時若增加光子的量，被打出來的電子數目也會跟著增加。

所以說，每個金屬都有其光電效應的波長限制。如果被比限制的波長還要長的光照到，不管這個光有多強，都不會有電子飛出。這是因為，要讓電子飛出金屬所需的最低能量是固定的（每個金屬不同）。如果光是波的話，就沒辦法說明這種現象。只有將光假設為粒子，才有辦法在理論上解釋這種現象。

一個光子所擁有的能量E與其頻率ν成正比，可表示成$E = h\nu$（$= hc/\lambda$）。這裡的比例常數h就是第118～119頁所說明的普朗克常數，這表示光適用於普朗克所提出的量子論概念。這又稱為「**光量子假說**」。簡單來說，這個假說的主旨就是「**光的能量有最小單位，其最小單位就是光子**」。這裡的光子也叫做「**光量子**」。由前面的說明可以知道，波長不同的光，能量的最小單位也會有所不同。波長愈短的光，能量的最小單位就愈大；波長愈長的光，能量的最小單位就愈小。

藉由這個光量子假說的理論，成功解釋了當時的光電效應問題。也就是說，**光有波的性質，同時也有粒子的性質，於是「波粒二相性」的概念就這麼誕生了**。

另外，愛因斯坦還提出，一個光量子除了有$h\nu$的能量之外，還擁有動量p，其大小為$p = h\nu/c = h/\lambda$，而方向則等同於光的前進方向。

美國的物理學家**康普頓**以實驗證實了這個概念。如圖4-8所示當我們以X射線打向靜止的電子時，電子會被撞飛而開始移動，且我們發現，X射線在撞擊後波長會變長。這裡我們可將X射線想成是光子，並把這個事件看成一個光子與一個電子之間的彈性碰撞，如圖的右側所示，電子獲得能量後會開始移動，光子則會失去一部分能量而使頻率下降（波長變長）。這稱為**康普頓效應**，是光為粒子的有力證據，再次證明了愛因斯坦提出的光量子假說正確無誤。

愛因斯坦於1921 年時獲得了諾貝爾物理學獎，而其獲獎原因並非著名的相對論，而是「基於光量子假說，以理論成功解釋了光電效應」。有人說是因為對那時候的人們來說，相對論的概念太難理解，沒多少人能接受這個概念的關係。

圖 4-8 ● 康普頓效應

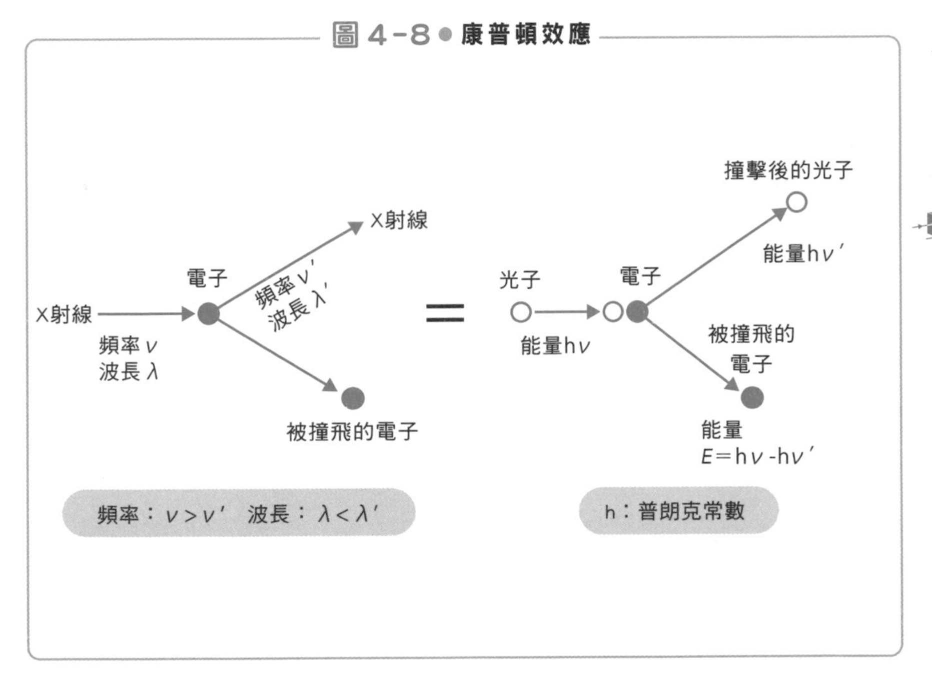

電子的波

——同時是波也是粒子的波粒二相性模型

如果原本被認為是波的光，也同時也擁有粒子的性質（**光的波粒二相性**）的話，有人開始思考，反過來說，像電子這種粒子，是不是也有波的性質呢？

出身於法國名門世家的貴族**德布羅意**提出，若將電子視為一種波，那麼它的波長λ應該會是 $\boldsymbol{\lambda = h/mv}$（1924 年）。式中的h為普朗克常數、$m$為電子質量、$v$為電子速度。而$mv$為電子的動量，我們可以將前面的式子改寫成動量$mv = h/\lambda$，這樣就與第178頁中把光當成粒子時提到的動量公式（$p = h/\lambda$）形式相同了。

在這樣的概念下，可將電子的波視為「**電子波**」。還可以將這個概念套用在其他粒子（如質子或中子等）上，此時的波就稱為「**物質波**」（又稱為「德布羅意波」）。

電子波的波長可由德布羅意所提出的公式計算出來，而且算出來的波長僅有數pm（picometer，皮米。1pm為10億分之1mm）到數十pm（電子的速度愈快，波長愈短），大約只有可見光波長的10萬分之1到1萬分之1左右，與短波長的X射線波長相近。

德布羅意剛提出這個大膽的理論時，沒有什麼人接受這樣的說法，但過了不久，就陸續出現了許多支持這個理論的實驗結果。

其中之一是由美國的物理學家**戴維孫**與**革末**於1927年所進行的實驗。他們使用如圖4-9的裝置，以高速電子束（電子射線）打向鎳板，並使反射的電子打在底片上，結果發現底片上出現了至今從未見過的圖案。如果電子只是單純的粒子，那麼反射後的電子應該會隨機均勻地分布才對，不會形成這麼奇怪的圖案。在之後的研究中，他們瞭解到這是由晶體所造成的繞射圖案，這說明了電子束也有波的性質。德布羅意的想法是正確的。

若想確認電子是否擁有波的性質，只要像波長相近的X射線一樣，將電子打向晶體，觀察其是否會產生干涉現象就可以了（參考第171頁）。

圖4-10為電子束繞射圖案的示意圖。當晶體為單晶時，繞射圖案會呈現規則的點狀（如圖（a））；而多晶的晶體方向雜亂無章，故繞射圖案會呈現同心圓狀（如圖（b））。1928年時，日本理化學研究所的**菊池正士**博士以電子束繞射實驗，成功證明了電子的波動性。這個實驗說明了電子束繞射的本質，至今仍是世界

圖4-9● 電子束的實驗

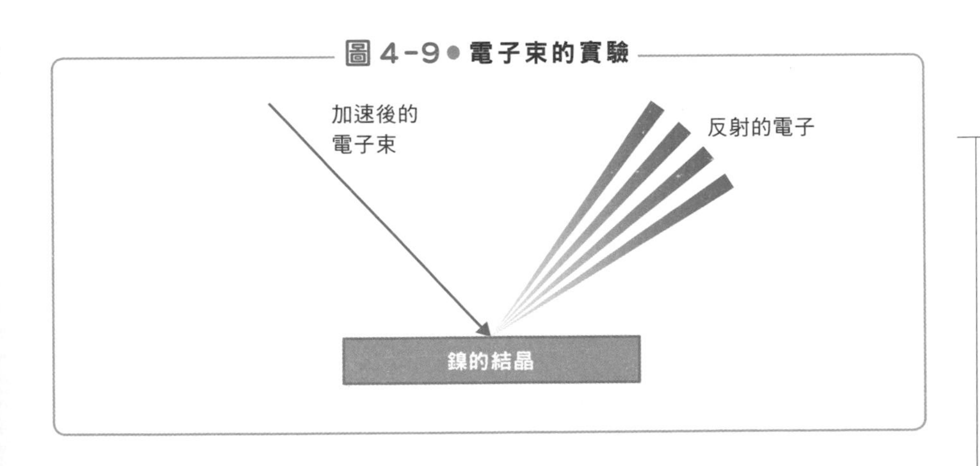

知名的實驗成果。

光與電子在某些時候會表現出波的性質，某些時候又會表現出粒子的性質。這種概念對我們一般人來說想必難以理解吧。不過物理學家等各個專家是這樣想的：**基本上來說，無論把光或電子看成是波還是粒子，都只是我們為了理解它們而提出來的模型而已，並不表示光與電子就真的是那個樣子**。舉例來說，在某些情況下，以波的模型無法完全解釋光的行為，故這時我們需要另一個粒子模型來幫助我們理解光。電子也是一樣的情況。**也就是說，在引入了波粒二相性這個模型之後，我們便能說明各種物理現象而不產生矛盾**。目前原子、光子等微觀世界所發生的各種現象，皆可使用這種模型來說明。

圖 4-10● 電子束的實驗

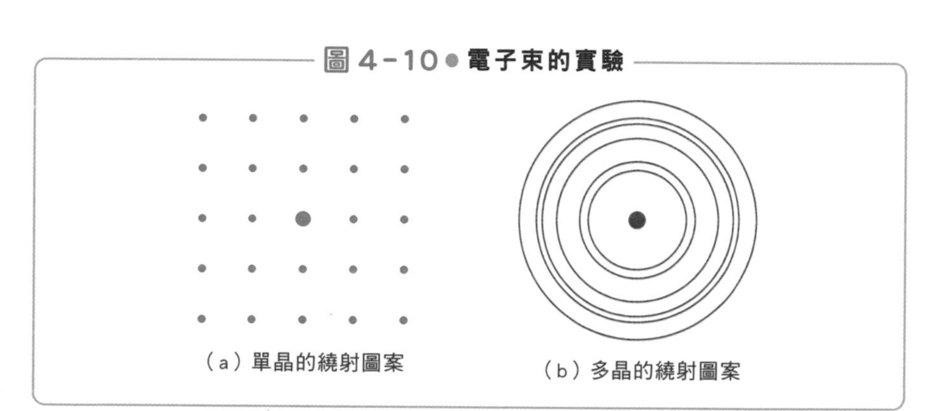

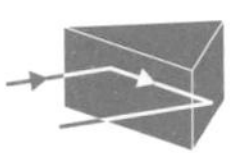

4-6 光學顯微鏡與電子顯微鏡

——波長愈短，解析度愈高

電子顯微鏡就是利用電子束有波的性質，幫助我們看到微小的世界。

在電子顯微鏡以前，人們使用的顯微鏡（光學顯微鏡）是以透鏡放大物體，並以可見光觀察，是應用放大鏡的原理製作出來的東西，可以將物體放大數百倍。然而光學顯微鏡在觀看事物的細節（解析度※）時有其極限，理論上只能看到大於觀察所用的波一半波長的東西。由此可知，可見光（波長為0.38 µm ～ 0.78 µm）的解析度最多只能到0.2 µm左右。就算顯微鏡的倍率再高，要是成像模糊的話也無法識別物體的細節。因此，光學顯微鏡頂多只能觀察到比1 µm略小的東西而已。

電子顯微鏡使用的是波長遠比可見光還要短的電子束來觀察物體。若將電子束想成波的話，其波長如第180頁所述，只有可見光的10萬分之1左右（數pm），故電子顯微鏡的解析度理論上可達到數pm。但實際使用電子顯微鏡時，由於電子透鏡存在像差，限制了解析度，使目前的最大解析度僅有50pm左右。

圖4-11顯示出光學顯微鏡與電子顯微鏡能夠觀察到多小的對象。舉例來說，細菌的大小約在1 ～ 5 µm左右，可以用光學顯微

鏡觀察到；不過病毒的大小僅有30～300nm，必須以電子顯微鏡觀察才看得到。另外，我們還可以用電子顯微鏡觀察到寬度僅有2nm左右的DNA或晶體的內部結構（原子與原子的間隔在1nm以下）。

光學顯微鏡是以玻璃透鏡來放大光線，不過電子顯微鏡不是使用光，而是使用電子束，故無法用玻璃透鏡，而是要用電子透鏡來放大。電子透鏡是以銅線捲成的線圈組成，並使電子束通過線圈中心。線圈通以電流時線圈內會產生磁場，帶有電荷的電子通過磁場時，會受到往中心方向的力（參考第109～110頁專欄中的圖2-B（d）），使電子束進一步收束。這與光通過透鏡時的行為相同，故我們可以用電子束看到試樣放大後的樣子。

圖4-12為這種電子顯微鏡結構的簡化示意圖。圖中，電子槍會以高壓電加速由電子源產生的電子束，加速電壓一般在數千伏特至30萬伏特左右，不過也有100萬伏特以上的超高壓電子顯微

圖4-11● 顯微鏡的解析度

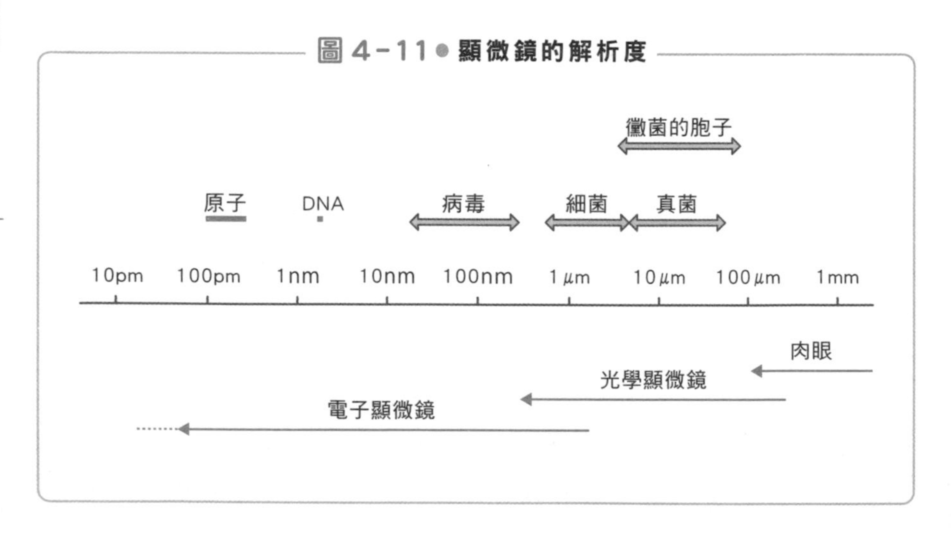

鏡。電壓愈高電子的速度愈快，電子束的波長也愈短。舉例來說，若加速電壓為30萬伏特，則電子束的波長約為2pm。

看到這裡，可能有些讀者會覺得，既然電子束的波長與X射線差不多，那麼使用X射線觀察的光學顯微鏡，不是也能得到與電子顯微鏡相同的解析度嗎？然而事實上這是做不到的。因為X射線無法穿過玻璃，故製作不出可供X射線使用的透鏡。

圖 4-12● 電子顯微鏡（穿透式）的原理

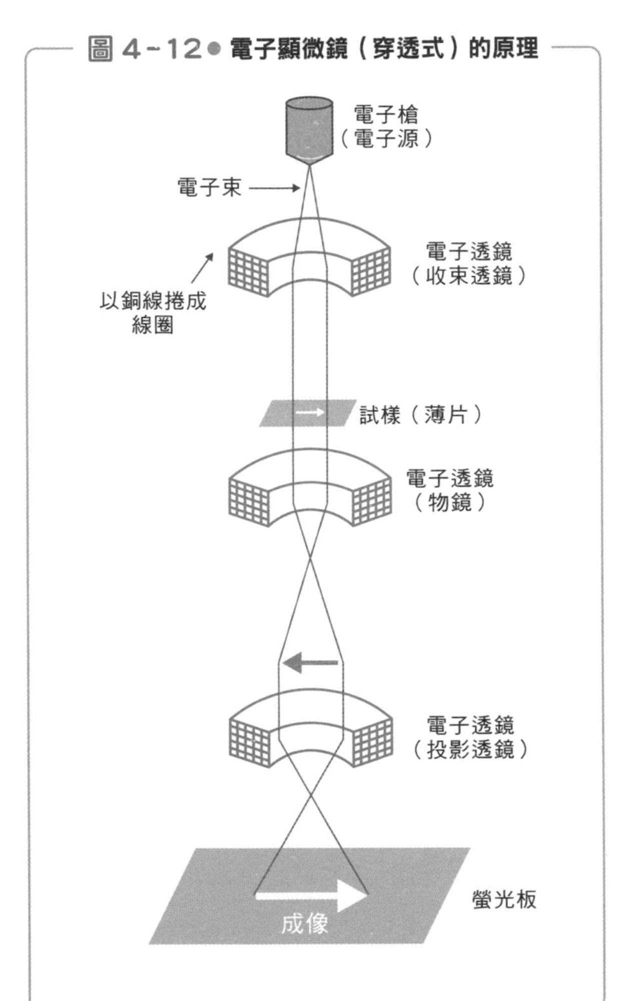

※解析度：可識別出兩個點為兩個點的最短距離。人類的眼睛（肉眼）的解析度約為0.1mm。

4-7 光會產生壓力嗎？

——藉由太陽光的壓力推進探查機

光會產生壓力嗎？雖然我們沐浴在強烈的光線下，也感覺不到有什麼壓力，但光確實會產生壓力。鏡子反射光時也會承受光的壓力，雖然因為壓力很弱而不會使鏡子移動。與地球上的其他力量相比，光的壓力很小，所以我們感覺不到光的壓力所造成的

圖 4-13●彗星的尾巴通常位於太陽的反方向

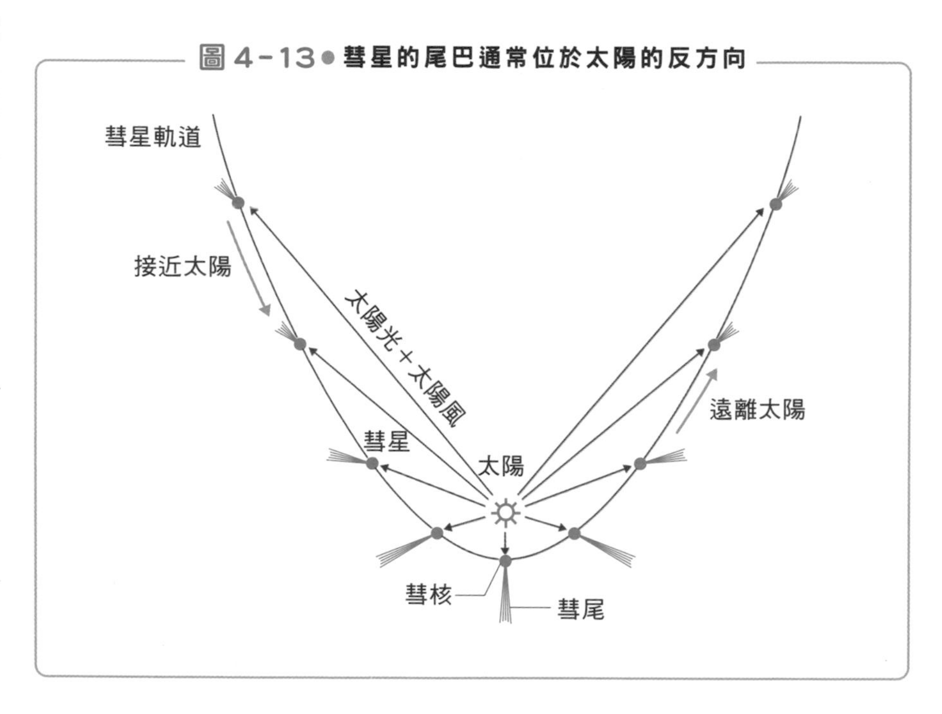

影響。

不過在太空中，我們就觀察得到由光的壓力造成的現象。譬如說，當彗星愈靠近太陽時，彗星的尾巴就會愈長，如圖4-13 所示，且彗尾永遠位於太陽的反方向。一般認為，彗尾是彗核所噴出來的氣體與塵埃在太陽光的壓力下所產生的現象。事實上，不只是太陽光的壓力，由太陽噴出之粒子流所形成的太陽風（參考第144 頁）也會對彗星造成影響，不過以前的人只有想到光的壓力而已。

我們可以由馬克士威的電磁理論（參考第88 頁）導出光的壓力，不過由於實驗的難度很高，故很長一段時間內皆無法確認其是否存在。直到1899 年俄羅斯的物理學家**列別捷夫**，以及1901 年美國的物理學家**尼可斯**與**赫爾**以實驗證明了光壓的存在。

夏目漱石的小說《三四郎》（1908 年，連載於朝日新聞）中有提到這樣的實驗場景，理科大學（東京帝國大學）的野野宮在真空中以水晶線釣起由雲母製成的薄圓盤，再以強烈的弧光燈打在圓盤上，觀察圓盤是否會移動。這是以尼可斯進行的實驗為模板寫出來的。據說是讀了這篇論文的**寺田寅彥**和夏目漱石說了這件事，於是他馬上就把這個實驗引用到自己的《三四郎》上。

如果把光想成粒子（光子），應該可以隱約理解當我們被粒子打到時會感覺到壓力這件事。但是一般認為光的質量為零。被質量為零的粒子打到時居然會感覺到壓力，這怎麼想似乎都有點奇怪。

要說明這個現象有些困難，簡單來說，光是電磁波，擁有前述之「**波粒二相性**」這個性質。故光子也擁有電磁波的特徵，可以想成是電場與磁場的振動。物體被作為電磁波的光打到時，物體內的電子會受到由電場及磁場所產生的**勞倫茲力**。這個力的方向與電磁波的前進方向相同，故一個個電子所受到的勞倫茲力累積起來後，就會變成來自光的壓力。

太陽光的壓力本身相當小，只有地表大氣壓力的200億分之1左右（圖4-14）。在重力、空氣阻力、摩擦力的作用下，光的壓力幾乎不會對物體造成任何影響。不過如果在沒有空氣、不會受到行星等重力影響的太空中，就可以充分利用太陽光的壓力。

2005年登陸小行星「糸川」的宇宙探查機「隼鳥號」在歷經劫難後，總算排除萬難將小行星上採集到的砂子帶回地球，並引起了一陣話題。「隼鳥號」是靠太陽能電池獲得必要電力，故太陽能板必須時常朝向太陽才行（需使用探查機的方向控制系統）。

圖4-14● 太陽光的壓力僅為大氣壓力的200億分之1

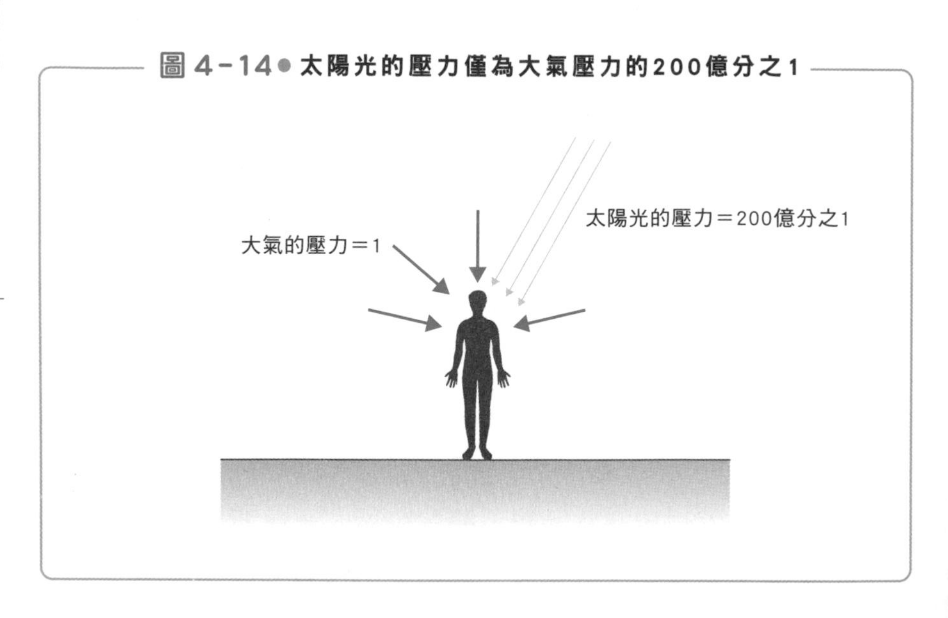

一般而言，系統會使用探查機上搭載的燃料來控制方向，但「隼鳥號」經過一連串的意外後，所剩燃料早已不敷使用，故改用太陽光的壓力來調整方向。隼鳥號利用面積廣大的太陽能板，承受來自太陽光的壓力，藉此慢慢改變探查機的方向，最後成功將太陽能板朝向太陽。這大量減少了燃料的消耗，之後終於脫出困境，順利返回地球。

接著，**JAXA（宇宙航空研究開發機構）**在2010年時發射了利用光的壓力作為動力的實驗用宇宙探查機「**IKAROS**」。IKAROS上有一個邊長14m的正方形帆，由厚度7.5μm的薄薄一片聚醯亞胺樹脂膜上蒸鍍一層鋁後製成。在太陽光的壓力下，IKAROS可藉由這個帆，如帆船般前進。可別因為光的壓力很小而小看它，在好幾天、好幾個月的太陽光壓力下可以「聚沙成塔」，轉換成相當大的推進力，為宇宙探查機加速，這種做法應該可以節省下不少燃料。

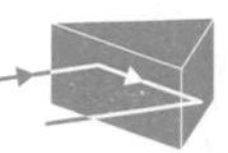

光速為秒速30萬km

——羅默的觀測與斐索的實驗

想必各位小時候應該都學過光一秒內可以繞地球七圈半的事吧。地球的周長為4萬km，繞七圈半就是30萬km。換句話說，光是以一秒內前進30萬km的超高速在前進。這是在真空中（在空氣中也差不多）傳播的光速。30萬km是一個概數，正確來說，光一秒內可前進299,792,458m（29萬9792.458km）。

不過，以前的人卻覺得光的傳播速度是無限大的。

第一個想測量光速的人，是17世紀初時相當活躍的義大利物理學家、天文學家**伽利略**，不過由於光速過快，讓他無法測出實際的數字。

直到距今三百多年前，才首次有人確認到光的速度並非無限大。丹麥的天文學家**羅默**在觀測木星衛星時，發現衛星隱於木星之後的週期比理論數值還要延遲一些，而之所以會有這段延遲，應該是因為來自木星的光需要一段時間才能抵達地球。也就是說，他認為光的速度是有限的。他觀察到，當地球離木星較遠時，衛星隱於木星的時間點比地球離木星較近時還要晚一些，他依此結果計算出光速為秒速21萬4300km（1676年）。與目前已知的秒速30萬km相比少了30%，是一個不太精確的數值。但羅默的發現首次證明了光速並非無限大，是一個劃時代的發現。

羅默是藉由天文觀測來求出光速，而首次用實驗測出光速的是法國的**斐索**。他以圖4-15般的裝置來測定光速（1849年）。

來自光源S的光經過半反射鏡（half-mirror）A後直角反射，抵達位於遠方的反射鏡B，在B反射後的光再穿過A，抵達觀測者C的位置。A與B之間有一個旋轉中的齒輪，當光通過齒槽，也就是兩個輪齒之間的空隙時，C處可以觀察到光（圖的左下方）。不過，逐漸提升齒輪的轉速後，通過齒槽抵達B處的光在反射回來時會被輪齒擋住，使C處觀察不到光（圖的右下方）。故我們可以用齒輪的同一位置由齒槽轉成輪齒所需的時間，以及齒輪與反射鏡B

圖4-15●斐索實驗的原理

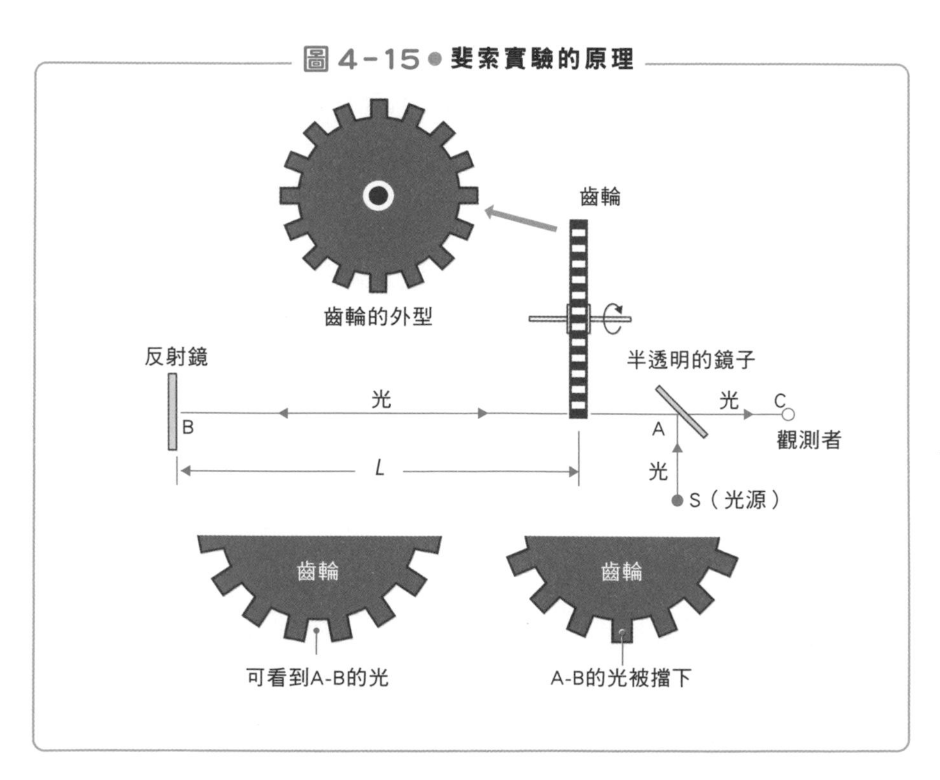

之間的距離L，計算出光的速度。

斐索的實驗中，齒輪的齒數為720，齒輪與反射鏡B的距離L為8633m，當提升齒輪轉速至每秒12.6圈時，C處便看不到反射回來的光。此時，齒輪轉一圈所需的時間為12.6分之1秒，齒輪的同一位置由輪齒轉成下一個輪齒所需的時間為其720分之1，而齒輪由齒槽轉成輪齒所需的時間為它的一半。故從看得到光到下一次看不到光，經過的時間應為（1/12.6）×（1/720）×（1/2）秒＝1/18144秒。這就是光從通過齒槽、抵達遠方的反射鏡、反射後再回到齒輪所花的時間。也就是說，光前進了2×8633＝17266m，花了1/18144秒。由此可以計算出，光在1秒內前進的距離為31萬3274km。斐索用這種方法所計算出來的光速，只比目前測得的正確數值快了約5%。斐索的實驗相當有名，亦出現於高中的物理教科書中，想必有很多人學過吧。

目前最正確的光速c，是精確測量出雷射（參考第226頁）這種純粹光線的頻率v和波長λ後，由$c = v \times \lambda$計算出來的數值。

光速是一定的，不會改變

——邁克生與莫雷的實驗

如前所述，真空中的光速為秒速30萬km。目前的物理學認為光速為一定的，而且不會有比光速更快的東西存在。

讓我們來動動腦吧。假設新幹線以時速300km的速度奔馳。這裡的時速300km是地面上靜止的人們所看到的速度。如果我們坐在方向與新幹線相同，時速100km的汽車內的話，看到的新幹線速度會是多少km呢？

這是小學數學中常出現的問題。答案是時速200km（300km－100km）對吧（圖4-16）。如果汽車與新幹線方向相反的話，看起來就是時速400km（300km＋100km）。這就是所謂的「速度加法定律」。

那麼，坐在秒速10萬km的火箭上（雖然實際上還做不出這麼快的火箭）追著光的人，觀察秒速30萬km的光時，看到的光速會是秒速20萬km嗎？答案是NO。坐在秒速10萬km火箭上的人，觀察到的光速仍會是秒速30萬km。聽起來有點不可思議，但這卻是事實。

1887年，美國的物理學家**邁克生與莫雷**以實驗確認了這點。他們兩人利用地球繞太陽的公轉來代替前例中提到的火箭。公轉的速度為秒速30km。因此，在地球上觀測往東前進的光與往西前進的光時，觀測到的速度應該分別會是秒速30萬km加減30km才對（速度加法定律）。

這裡出現了一個問題。聲音的音波是藉由空氣來傳遞，故無法在真空中傳遞。海水的波浪也需藉由水來傳遞。由此可知，若要傳遞波，則必須依靠某種介質才行。然而光波卻可以在真空中傳遞，這相當令人費解。當時的人們認為真空中應該存在某種可傳遞光波的未知介質，並將其命名為「乙太」（ether，但與化學藥品中的醚ether是不同的東西）。由於我們可以看到宇宙中來自遠方的星光，故宇宙中理應充滿了乙太才對，而光則在這個乙太內以秒速30萬km的速度前進。由此推測，地球應該也是在乙太之

圖4-16● 新幹線速度的差異

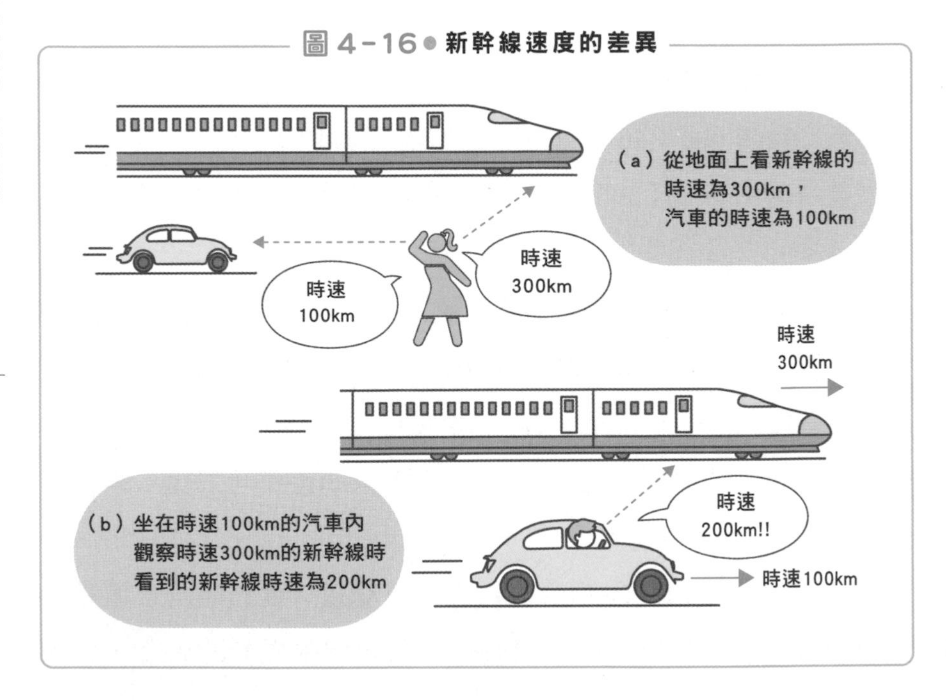

海內移動才對。地球的公轉速度為每秒30km，這表示地球相對於乙太的速度也是每秒30km（在這前提下，也應該將太陽視為在乙太內運動，不過這裡先不考慮這點）。

若要在地表測量光速，必須像斐索的實驗（圖4-15）那樣，測量光從光源離開後，碰到遠方的鏡子再反射回原處所需要的時間。要是不這麼做的話，就無法正確測量出精準的時間。

請看圖4-17。如果測量裝置（相對於乙太）是靜止的話，如圖（a）所示，光來回走過A-B間的距離L時，光在去程和回程的速度都是c（＝30萬km／秒）。因此，通過A點的光被鏡子B反射後再度回到A點時，花費的時間就是$2L/c$。再來，如果整個裝置（相對於乙太）以速度v往右方移動（與光的方向平行），如圖（b）所示，光來回走過A-B間所花費的時間，就是裝置靜止時（圖（a））的$1/\{1-(v/c)^2\}$倍，會花比較長的時間。若能測量出這兩種情況下所花費的時間差，就可以確定光的速度加法定律成立，也同時證明了乙太的存在。

然而，c＝30萬km／秒，v＝30km／秒，v/c為1萬分之1，用來表示時間差的$(v/c)^2$只有1億分之1，是非常小的數值。要檢測出那麼小的差異，需用到光波的干涉現象。如圖4-18所示，由光源A射出的光（單色光）經過半反射鏡B會分成兩路光線，一路光線直線前進至反射鏡C，反射後回到B。如果光線從B移動到C時，與裝置整體的移動方向（地球的公轉方向）相同，那麼從B到C的光速就會是$c-v$，而從C回到B的反射光光速就會是$c+v$，來回花費的時間如圖4-17（b）所示。

另一方面，半反射鏡B還會分出另一路光線直角反射，射向反

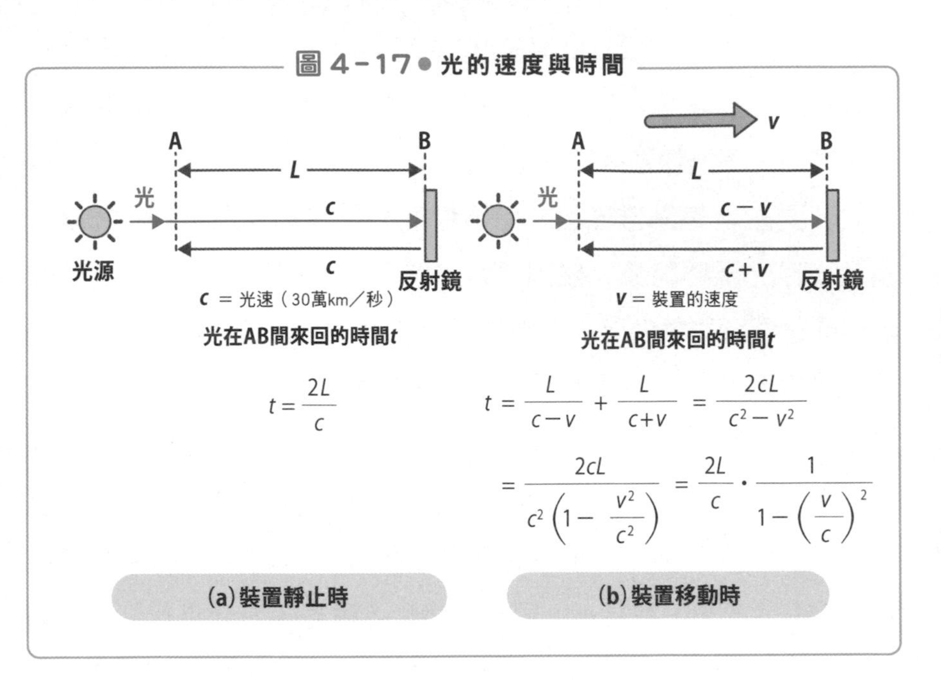

射鏡D以後再反射回B。這部分的光前進方向與裝置的移動方向為直角，故光速不會受裝置移動的速度影響，應會保持在c才對。不過實際上，光在B-C間來回的時間內，B也在移動，故光在B-D間來回時的光速如圖4-18所示，應為$\sqrt{c^2-v^2}$才對，比c略慢了一些，大概差了1億分之1的一半。

由反射鏡C與D反射回來的兩道光會重合於半反射鏡B。要使BC間的距離與BD間的距離完全相同是不可能的事，而且光在前進時會散得愈來愈開，使得在半反射鏡處重合的光會出現干涉現象，產生干涉條紋。邁克生與莫雷就是想藉由觀測這個干涉條紋算出光速的差異。其實驗原理如圖4-19所示。一開始的實驗裝置如圖（a），記錄這種裝置下得到的干涉條紋（實驗1），接著將整個

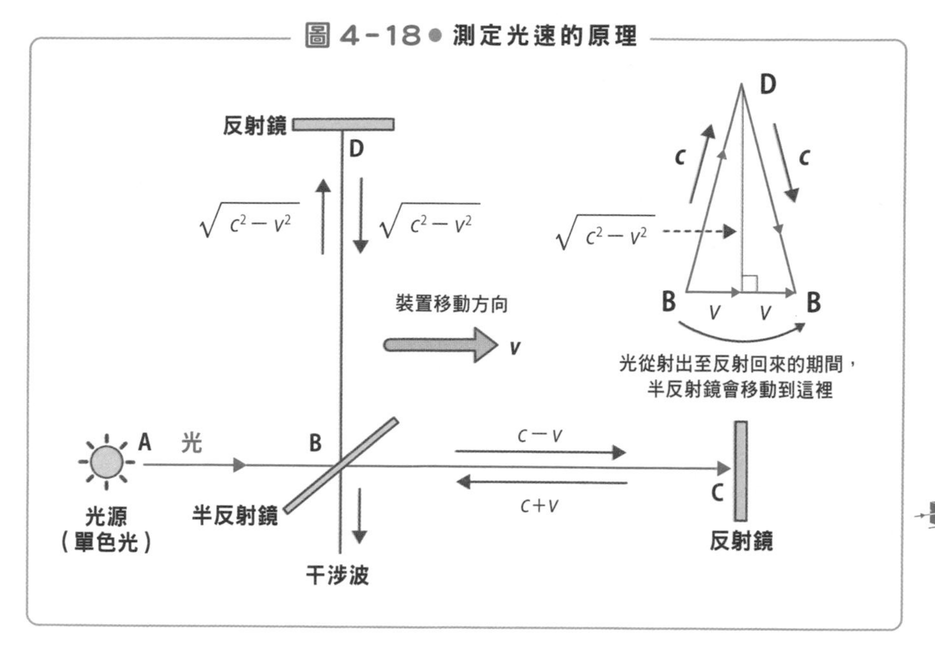

裝置逆時針旋轉90度，如圖（b）所示，再記錄此時得到的干涉條紋（實驗2）。如果光速會受到地球公轉速度影響的話，即使時間有些微差異，應該也會使這兩種干涉條紋的條紋位置有所不同。然而就算做了很多次實驗，仍觀察不到這兩種干涉條紋的差異。

這代表什麼意思呢？這代表，在BC間來回的光，與BD間來回的光的光速，完全不會受到地球公轉速度的影響，兩者完全相同。換句話說，光並不適用於速度加法定律。另外，這也否定了乙太的存在。以當時的知識水準來說，這些現象讓人完全無法理解。不過，既然實驗的方法正確、測量時的精準度也相當高，那就只能接受這樣的實驗結果了。

愛因斯坦提出了一套理論以解釋這個困難的問題。他以邁克生與莫雷的實驗結果為前提，提出「不管觀測者的移動速度為何，他看到的光速皆為固定的」，也就是所謂的「**光速不變原理**」。並以此原理為基礎拓展了這個理論，於1905 年時發表了**相對論**。**之後各式各樣的實驗證實了相對論正確無誤，於是相對論就成為了20 世紀的物理學基礎**。

圖 4-19● 邁克生-莫雷實驗

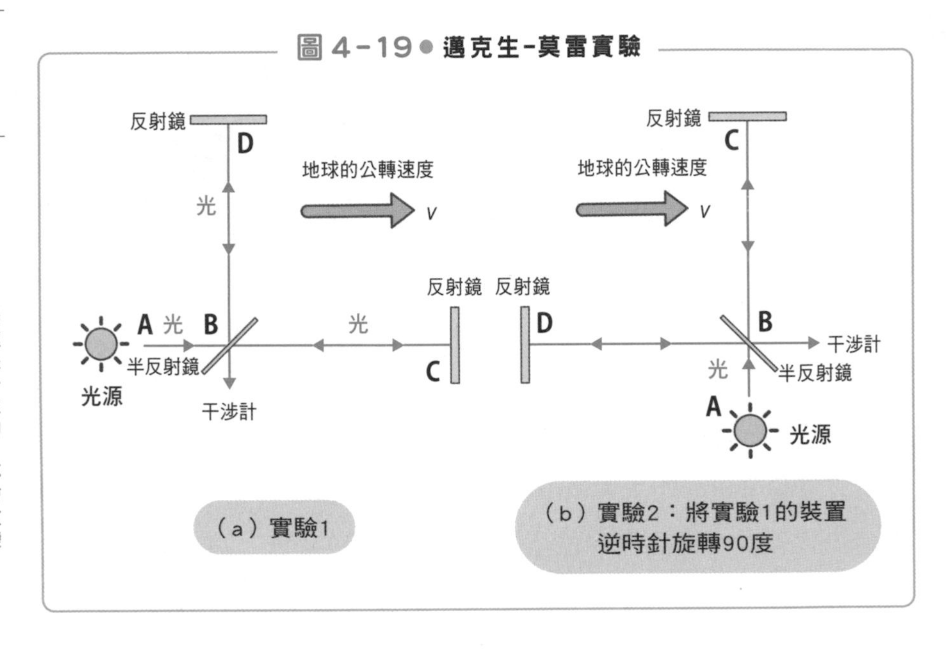

光為什麼會折射呢？

——光會因不同的物質與波長產生折射

大家都知道，光有折射的現象。在第27～28頁中我們曾提到電波也有折射現象，不過光的折射現象可以直接用眼睛看到，所以本書選擇在這裡詳述光的折射原理。電波的折射只有物質與光不同，但原理是完全一樣的。

當光從空氣進入玻璃或水等透明的物體時，會產生折射現象，使前進方向轉彎，如圖4-20所示。光從空氣中的A，斜斜射向空氣與玻璃（或者是水）的交界，設垂直於交界面之直線（法線）與光的夾角為θ_1，且光在O點改變前進方向，以θ_2的角度繼續在玻璃中朝著A′前進。相對的，假如光從玻璃中的A′射向O點，那麼光在進入空氣後也會轉彎，改往A的方向前進。

也就是說，不論方向為何，光都會沿著同樣的路徑前進（又稱為「光線逆行定理」）。而此時玻璃等介質的折射率*n*就會是$n = \sin\theta_1 / \sin\theta_2$（司乃耳定律）。以真空為標準，設真空的折射率為1，可以一一計算出其他物質的折射率。其中，空氣相對於真空的折射率為1.000292，故一般而言會把空氣的折射率視為與真空相等。

每種物質都有其固定的折射率，代表性的物質折射率如表4-1

所示。表中也列出了該物質內的光速，事實上這個光速與折射率有密切的關係。光速在真空中（在空氣中也差不多）的速度為秒速30萬km，而玻璃或水等物質中的光速則比真空中的光速還要慢一些。這是因為玻璃等物質內的分子會先吸收射入的光，然後馬

表 4-1 ● 主要物質的折射率與光速

物質	折射率	光速（萬km／秒）
空氣	1.00*	30.0
冰	1.31	22.9
水	1.33	22.6
乙醇	1.36	22.1
石英玻璃	1.46	20.5
光學玻璃	1.47～1.92	15.6～20.4
聚酯樹脂	1.60	18.8
水晶	1.54	19.5
祖母綠	1.58	19.0
藍寶石、紅寶石	1.77	17.0
鑽石	2.42	12.4

＊正確值為 1.000292

圖 4-20 ● 光的折射

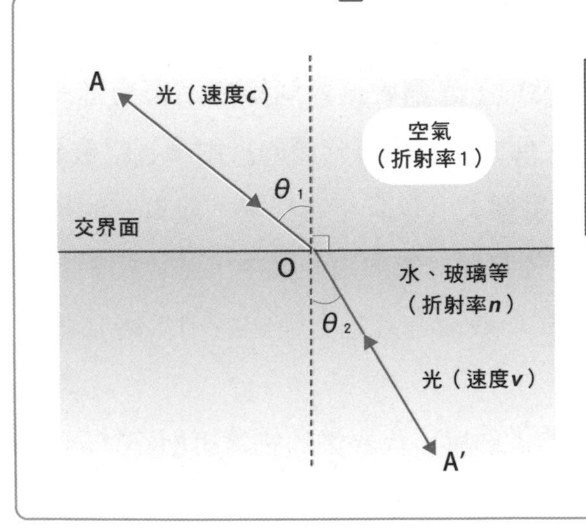

$$折射率n = \frac{\sin\theta_1}{\sin\theta_2} = \frac{c}{v}$$

上放出，並持續重複同樣的動作，結果使光速變得比較慢。

舉例來說，比較空氣中前進的光，與折射率為1.46的石英玻璃中前進的光，同樣的時間內光在石英玻璃中可前進的距離，為光在空氣中可前進距離的1/1.46（圖4-21）。不過即使物質改變，光波動的次數（頻率）仍不會變，故光在石英玻璃中的速度會降至只有空氣中的1/1.46（＝0.68），變成秒速20.5萬km。

光在射入這些物質時，之所以會產生折射，就是因為光速變慢的關係。如圖4-22所示，光的波面（波峰相連的面，參考第24頁的圖1-10）與前進方向垂直，假設光從折射率較低的介質1（譬如說空氣），斜向射入折射率較高的介質2（譬如說玻璃），當光線2的波面抵達兩介質交界面的Q_1時，光線1的同一波面在P_1的位置，仍在介質1內。而當光線1的波面抵達兩介質交界面的P_2時，光線2的同一波面已在介質2內前進了一段距離，位於Q_2。P_1-P_2與Q_1-Q_2分別代表光線1與光線2在同時間內前進的距離，

圖4-21● 光在折射率高的物質中前進速度較慢

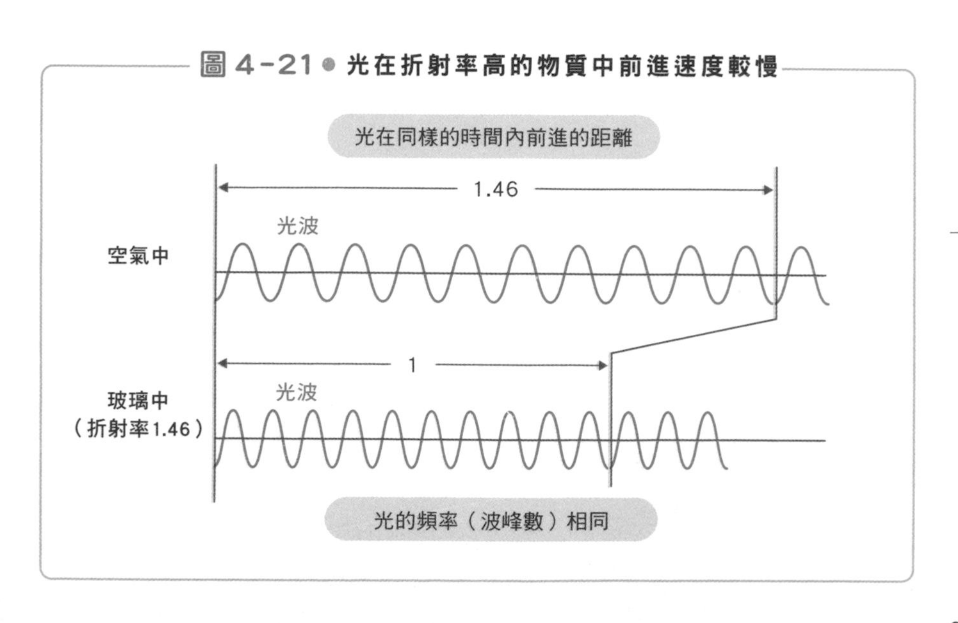

但是因為光線2的速度比光線1還要慢，故Q_1-Q_2會比P_1-P_2還要短。由於光線1與光線2須保持相同的波面，故光在進入介質2時，必須要像圖一樣改變方向，這就是光折射的理由。

即使在相同物質內傳播，如果光的波長不同，折射率也會略有差異。**波長愈長的光折射率愈低，波長愈短的光折射率愈高，折射角愈大。因此測量物質的折射率時，會以鈉的光源所放射出之波長為589.3nm的光（又稱為鈉D線）作為標準**。

雨剛停時，在陽光照射下可以看到七色的彩虹。這是因為當太陽光（白光）通過空氣中的水滴時，由於不同波長（顏色）的光折射的角度不同，使陽光分成紅、橙、黃、綠、藍、靛、紫等七個顏色。不過彩虹的顏色其實是連續變化的，並沒辦法明確分

圖 4-22 ● 光的折射原理

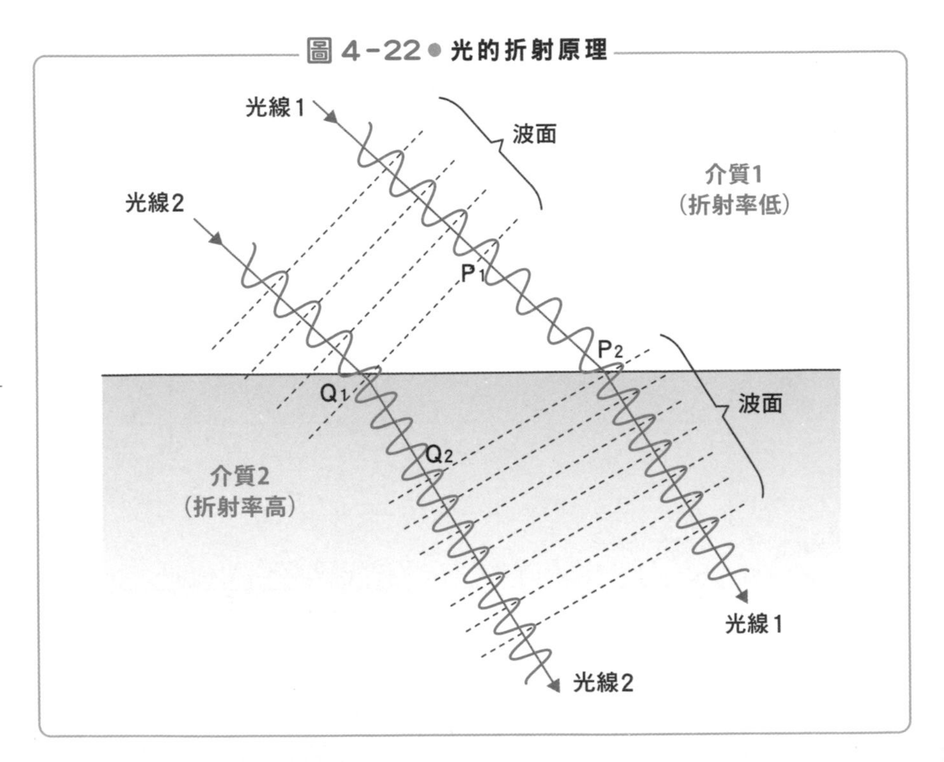

出各種顏色的界線。我們將彩虹分成七個顏色，美國等國家則是分成六個顏色（紅、橙、黃、綠、藍、紫），也有國家分成五個顏色，可見大家對彩虹的顏色並沒有共識。就連我看到彩虹時，也覺得很難清楚分辨出七個顏色。

當太陽光之類的白光通過三稜鏡的時候，也會出現相同的現象，如圖4-23所示。三稜鏡折射光時，波長不同的光，其折射角度也會有些許差異，使通過三稜鏡的光在三稜鏡的後方分成七個顏色。圖中雖然列出了顏色與波長的對應關係，不過顏色分界的波長因人而異，請把它當成大概的參考就好。

這種因為波長不同而使不同顏色的光散開的現象，稱為「**色散**」。之所以會產生色散，是因為對不同波長的光而言，其玻璃對空氣的折射率會有些微差異。以石英玻璃為例，紅光的折射率

圖4-23●陽光透過三稜鏡後產生折射

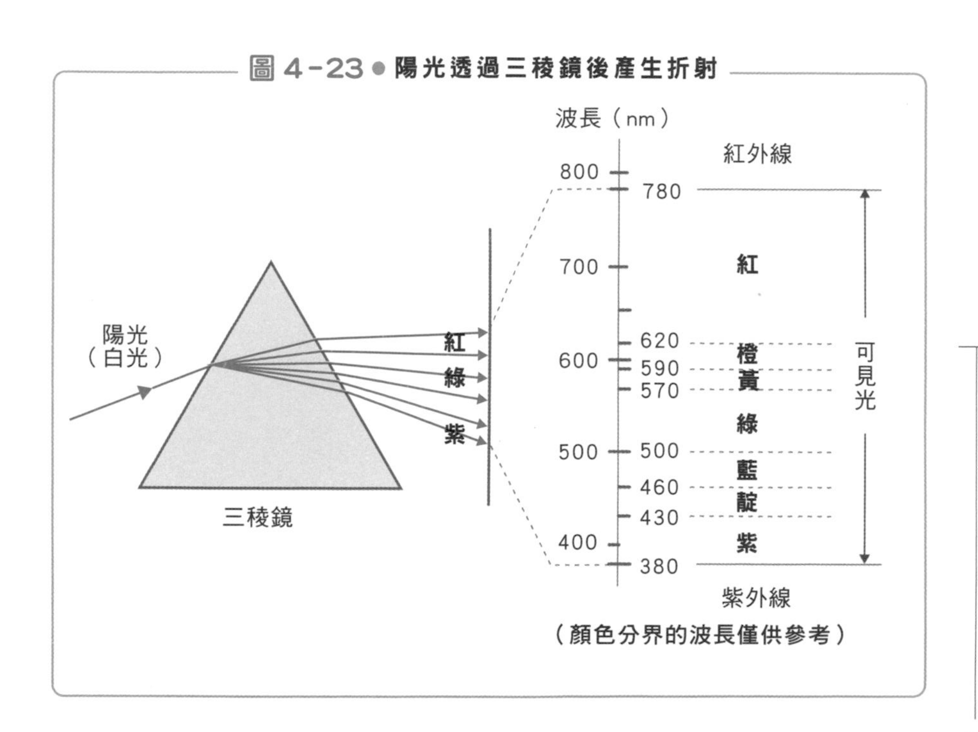

為1.457，紫光的折射率為1.470，兩者間約有1%的差距。

色散現象使我們能夠輕易以三稜鏡分光，但對於望遠鏡或相機裡的透鏡來說，會是個很大的問題。

如圖4-24所示，進入透鏡的光會在折射後匯聚於焦點F。相機就是將底片（數位相機的話則是感光元件）放置在這個焦點上，將光的成像記錄下來。然而紅光與藍光的折射率有些微差異，所以不同色光的焦點位置會有所不同，使成像模糊。這種現象稱為**色差**，在設計透鏡時，盡可能減少這種色差是最重要的課題。

圖4-24● 透鏡的色差

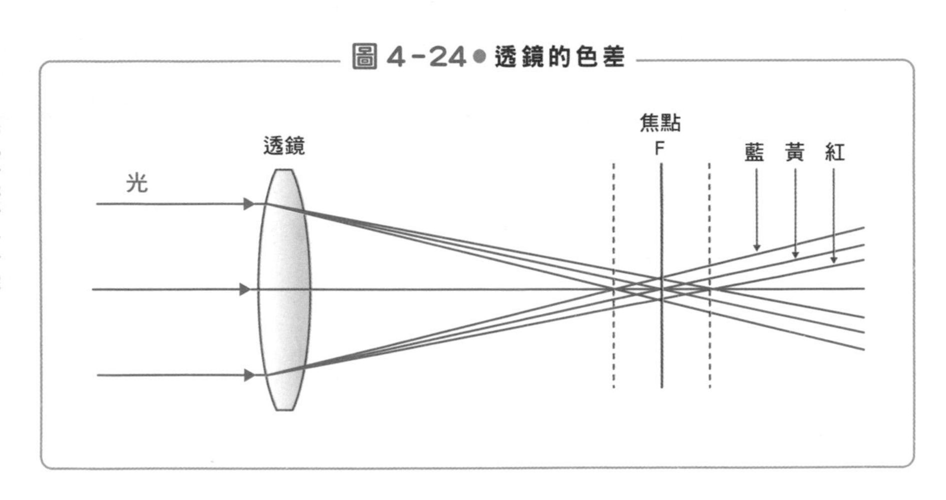

4-11

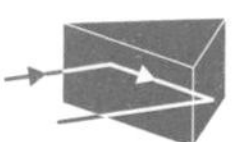

光的全反射

——鑽石的光彩奪目來自於它的折射率

在某些特殊情況下，光不會折射，卻會發生全反射現象。雖然光線照射到鏡子時會全部反射回來，不過這和這裡要講的全反射並不是同一件事。全反射指的是，將兩個折射率不同的透明物體重疊，當光線從折射率較高之介質射向折射率較低之介質時，光線完全不會穿過兩介質的交界面、進入折射率較低的介質，而會全部在交界面反射回原本的介質。這種現象必須在一定的條件下才會發生。

圖4-25為光從空氣中射入玻璃時的路徑。我們在圖4-20的地方也有提到，當光從空氣中的A點斜斜射向空氣與玻璃的交界面O時，會在O處發生折射現象，往A′的方向前進。相反的，當光從玻璃內射向空氣時，也會沿著相同的路徑A′OA前進。同樣的，當光從空氣中的B點沿著與交界面近乎平行的方向射向O時，會在O處折射，往玻璃中的B′方向前進。反過來說，從B′反向射過來的光，則會在通過O後沿著與交界面近乎平行的路徑射向B點。

接著，假如我們用比B′更淺的角度，從玻璃中的C′射出光線。那麼當光線抵達交界面的O時，又會往哪個方向繼續前進呢？這時光線不會跑出玻璃之外，而是在交界面O點上反射後再度回到玻璃內，往C的方向前進。這就是所謂的「**全反射**」。從C射向O的光也會經由相同的路徑，全反射至C′。

若光線要從折射率高的物質（本例中為玻璃）射向折射率低的物質（本例中為空氣），其射向交界面的入射角度必須在一定角度（如圖中的直線OB′和垂直於交界線的法線之夾角）以下才行。若入射角比這個角度還大的話，光線會全部反射回折射率較高的介質內。而法線與直線OB′的夾角也稱為「**臨界角**」，產生全反射的臨界角度通常會以θc來表示。臨界角θc與玻璃的折射率n之間有著 **$n \sin\theta_c = 1$** 的關係。由這個式子也可以看出，介質的折射率愈高，臨界角就愈小。

以玻璃為例，玻璃的折射率為1.46，故其臨界角為43 度（圖4-26（a））。也就是說如果入射光線與交界面的角度比47 度（90度－43 度）還要淺的話，所有的光都會被全反射回來。如圖4-26（b）所示，從玻璃射向空氣的光線與交界面的夾角為45度時，會出現全反射現象，光線會沿著與交界面夾角45 度的方向全部反射回玻璃內，使

圖 4-25 ● 光的折射與全反射

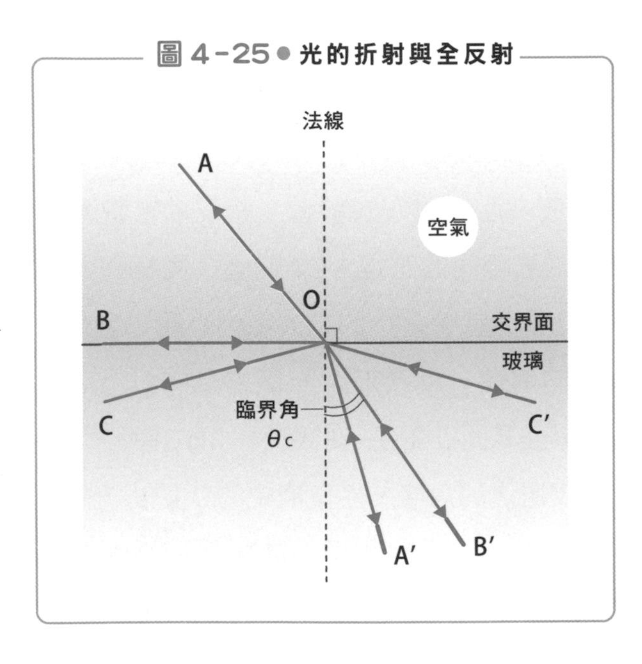

光線的前進方向以直角轉彎（90 度）。

直角稜鏡就是利用這種原理來改變光的方向。如圖4-27（a）所示，若使光線在直角稜鏡內全反射一次，可將光的前進方向轉90 度；而圖（b）顯示，若使光線在直角稜鏡內全反射兩次，則可使光的前進方向轉180 度。有趣的是，如圖中箭頭所示，光線反射後會得到上下顛倒的成像，左右方向則不變。如果將直角稜鏡改

圖 4-26 ● 玻璃的臨界角與全反射

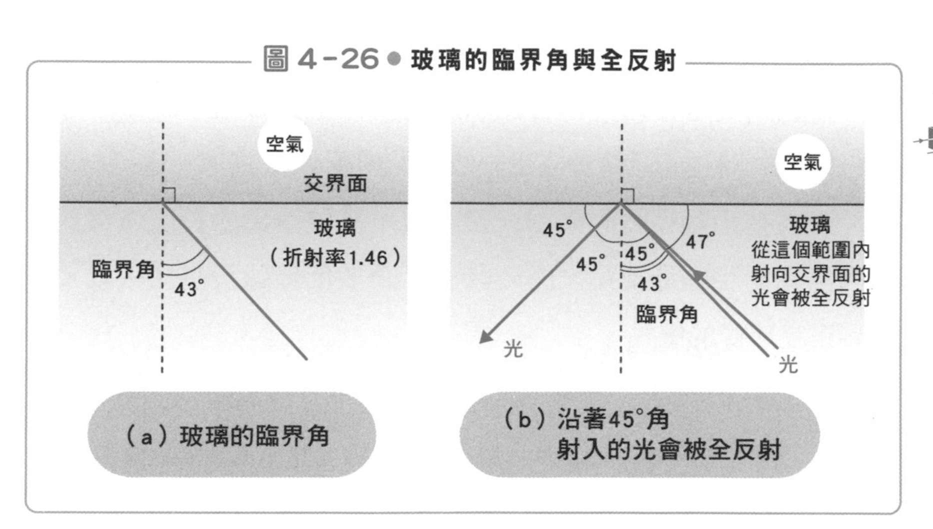

圖 4-27 ● 直角稜鏡的光的全反射

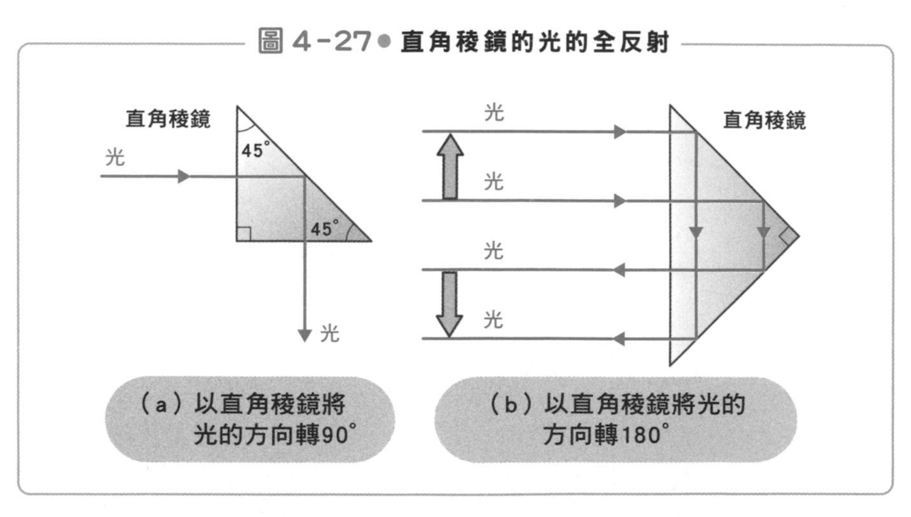

成橫放的話，那麼成像就會左右反轉（上下方向保持不變，不會顛倒）。

天文望遠鏡（折射式）與雙筒望遠鏡皆使用了克卜勒式望遠鏡的物鏡與目鏡，兩者皆為凸透鏡。克卜勒式望遠鏡的優點在於它有很高的倍率，視野也很廣，缺點則是看到的會是上下顛倒左右相反的倒立成像。如果是天文望遠鏡的話，倒立成像不會造成太大的問題。但如果在使用雙筒望遠鏡時，看到的是倒立的人物與景色，感覺就怪怪的。

故望遠鏡會在物鏡與目鏡間放置兩個直角稜鏡，將上下顛倒左右相反的倒立成像轉變成正立成像，如圖4-28所示。這麼一來，由於光會在兩個稜鏡間來回一次，故可將望遠鏡的長度做得比物鏡到焦點的距離還要短。同時具備了讓雙筒望遠鏡變短，以及可看到正立成像的優點。

圖4-28● 兩個直角稜鏡可使倒立成像轉變成正立成像

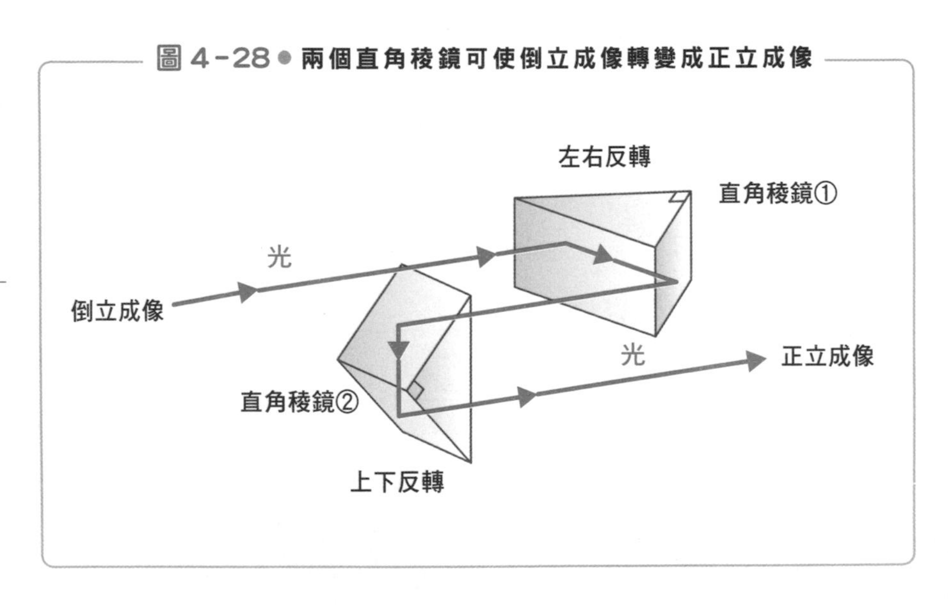

由第200頁的表4-1可以看出，鑽石的折射率遠比其他物質還要高，高達2.42。因此其臨界角非常小，只有24.4度（圖4-29）。臨界角小，表示鑽石內可讓光產生全反射現象的角度範圍很廣。

被製成寶石的鑽石之所以看起來會光彩奪目，就是因為利用了全反射的原理。若想盡可能地利用全反射現象，則必須將鑽石切割成恰當的形狀才行。其中，最適合的形狀是以數學推導出來、相當著名的明亮切割法（Brilliant Cut，正式名稱為Round Brilliant Cut）。如圖4-30所示，切割研磨鑽石時必須計算各部位角度，讓來自上方的光線進入亭部（Pavilion）後不會直接射出，而是在全反射後再次回到冠部（Crown），再從桌面（Table）射出。

也就是說，因為光不會從底部洩出，而是全都反射回來，所以才讓鑽石看起來那麼光彩奪目。另外，鑽石也和稜鏡一樣可以把白光分成多種色光（色散），故可看到各種顏色的光芒。

圖4-29 ● 鑽石的臨界角

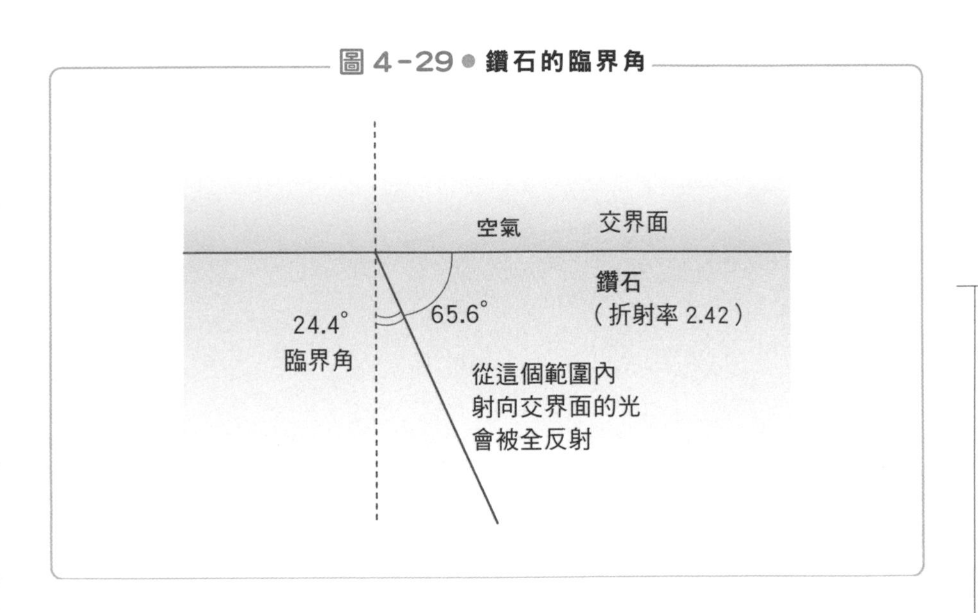

除了鑽石以外許多寶石的折射率都很高，閃閃發亮，看起來十分美麗。

圖 4-30 ● 明亮切割法・鑽石的全反射

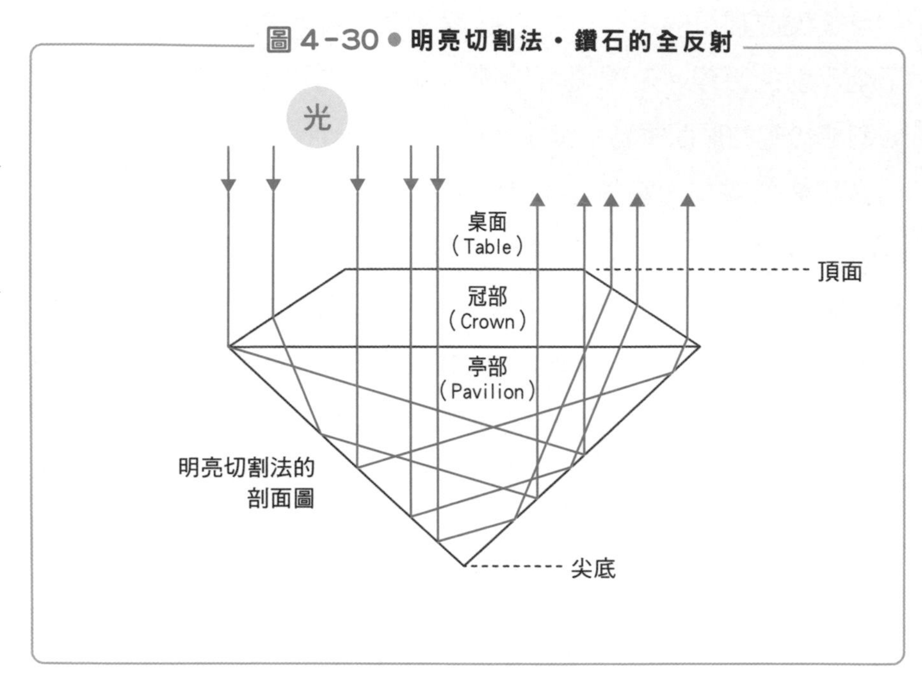

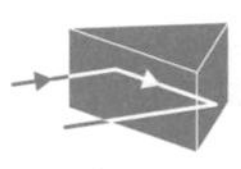

藉由光纖纜線來傳送光訊號

——前進 20km 後仍有一半的強度

目前的通訊網路主要是使用光纖纜線來傳輸訊號。許多家庭也有牽光纖纜線，以享有相當快的網路速度以及所謂的「光電話」。不同於過去所使用的電纜，這種光纖纜線是傳送光訊號的纜線，以高品質的玻璃製成。

從很久以前開始，人們就想試著用光來傳輸聲音和圖像的訊號。然而當時沒有適合用來傳輸光訊號的纜線，只能像電波一樣從空中發送訊號。在空氣乾燥的晴天時，光可以傳到很遠的地方。在冬季晴朗的日子，甚至可以從東京清楚看到100km遠的富士山。不過到了初春時會有比較多霧靄，使富士山變得朦朧。到了夏季，濕度持續居高不下，要看到富士山就更是難上加難了。也就是說，夏季時，來自富士山的光很難到得了東京。下大雨時，我們只看得到幾公里內的景色。景色看不清楚，是因為來自遠處的光到不了我們所在的位置。在這種不穩定的狀態下，我們沒辦法利用光從空中傳送訊號。

若用玻璃製作的纜線來傳送光訊號的話，就不會受到天氣的影響了。然而，玻璃並沒有我們想像中的那麼透明。一般窗戶用的玻璃大概只要有15cm的厚度，就會讓透光量減半。即使是透明度更高的光學玻璃（製作透鏡時所用的玻璃），也只要3～4m左右就會讓透光量減半。

若要當作通訊纜線，纜線的長度必須能讓光訊號被接收時強度在原始光訊號的數百分之一以上，然而即使用光學玻璃來製作纜線，大概只要前進30m左右，訊號就會降到數百分之一了（假設前進一段長度後，光量會變為1/2。那麼前進10倍這樣的長度後，光量就會變為$(1/2)^{10}$，也就是1000分之1）。這樣的話根本沒辦法當作通訊用的光纖纜線。

光在玻璃中前進時之所以會愈來愈微弱，是因為玻璃內有多餘的雜質或缺陷，使光被吸收或漫射。英國的**高錕**和**霍克姆**兩人針對這點，在他們的論文中提到，若改用純度非常高的材料，以及特殊的製作方法，應該可以製造出能讓光傳送1km以上的光纖纜線（1966年）。讀到這篇論文的工程師們都嚇了一跳，而在四年後的1970年，世界第一的玻璃公司——美國**康寧公司**終於排除萬難，真的製造出了光纖。自此之後，人們開始認真研究光纖通訊的技術，故1970年可說是「光纖通訊元年」。

目前用來通訊的光纖是由石英玻璃製成的纖維，像頭髮一樣細。光被關在纖維內不會洩出，能夠傳送到遠方，是因為利用了光的全反射原理，使光不會外洩至玻璃纖維外。

圖4-31是目前使用的光纖纜線的結構（圖（a）），以及光線傳送的原理（圖（b））。

光纖是直徑為0.125mm的石英玻璃纖維，中央是折射率較高的核心玻璃部分，直徑在0.01mm以下，周圍則是折射率較低的包覆玻璃部分，是一個雙層結構。或許你會擔心，這麼細的玻璃纖維不是很容易折斷嗎？但事實上，只要沒有受損，這樣的玻璃纖維還算堅固。而實際用於纜線的光纖，也會在玻璃纖維外包覆一層保護用的尼龍等。

射入核心部分的光在核心內前進時，有可能會碰上核心部分與包覆部分的交界面，但這個時候會像圖4-31（b）所顯示的，產生全反射現象，再度回到核心部分內，絕對不會穿過交界面，跑進包覆部分內。而被關在核心部分內的光就是在反覆發生的全反射下持續前進。即使光纖稍微彎曲，光訊號也不會外洩。

使通過玻璃內的光訊號能盡可能地傳送到更遠的地方而不會衰減，是光纖纜線的必備條件。玻璃看起來之所以透明，是因為

圖 4-31 ● 光纖的原理

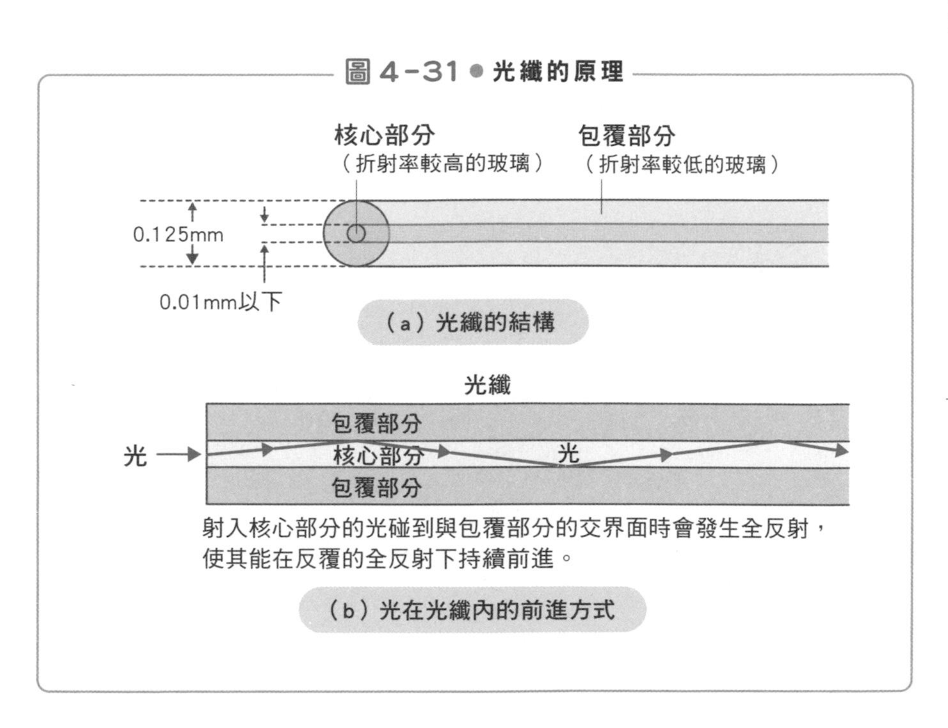

（a）光纖的結構

射入核心部分的光碰到與包覆部分的交界面時會發生全反射，使其能在反覆的全反射下持續前進。

（b）光在光纖內的前進方式

可見光能穿透玻璃進入我們的眼睛，然而紫外線和遠紅外線卻難以穿過這些玻璃。這是由於玻璃的分子被紫外線或遠紅外線照到時會有很強的反應，依其頻率振動，進而吸收這些光。因此，光纖通訊中所使用的光，僅限於可見光和近紅外線。

不過就算是可見光或近紅外線，不同波長的光，其衰減程度也有所不同（圖4-32）。在石英玻璃內，衰減程度最小的波長約在1.55μm左右，位於人眼看不到的近紅外線波段。若以目前的光纖傳送波長為1.55μm的光訊號，大約前進20km後，光強度才會減為原來的一半左右。這種光纖用的是以高純度（純度約為99.999999%）的矽（Si）作為原料，人工合成出來的石英玻璃。與前面提到的光學玻璃相比，適合的波長雖有不同，但將石英玻璃的純度提升到極限後，總算製作出衰減程度極低的光纖。

在光纖通訊中，會以光的衰減程度最低的波長1.55μm為中

圖 4-32● 光在光纖內的衰減程度與波長的關係

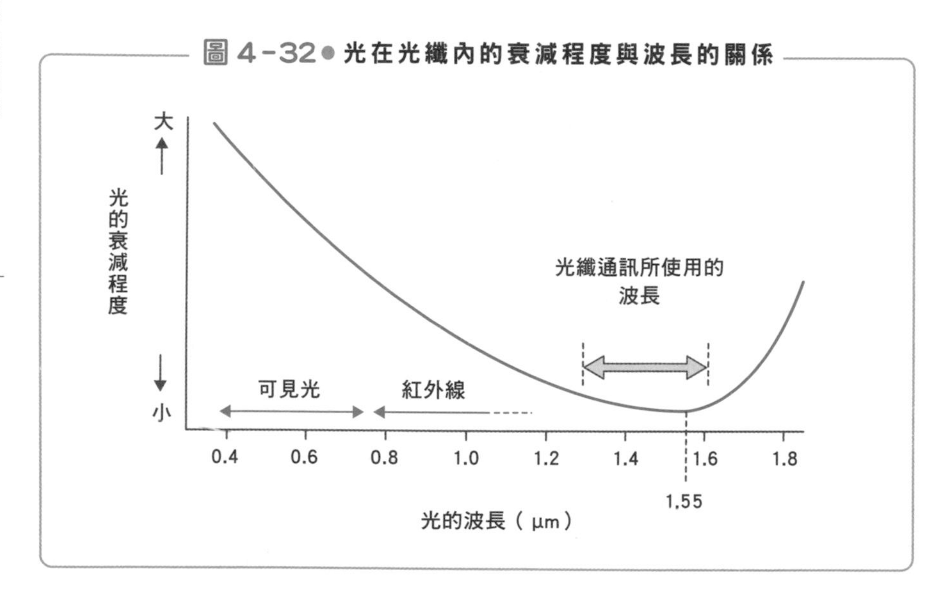

心，使用1.3μm～1.6μm波長的光（近紅外線）來傳送訊號。但即使如此，經過長距離的傳送後，光仍會衰減使訊號變弱。這時就需要加入中繼器（光的增幅器），使光纖內的光恢復到原本的強度。目前以高純度光纖纜線鋪設的網路中，兩個中繼器的距離可達100km以上。在使用銅纜線的年代，中繼器的間隔最多只有數公里而已。在改用光纖纜線後，使中繼器的數目減少許多，大幅降低了線路的成本。

用光來傳輸訊號還有一個很大的優點。光纖通訊所使用的光，換算成頻率後大約為200THz。這數字是目前用於通訊中頻率最高的電波——微波波段60GHz的3000倍以上。如圖1-19（第36頁）所示，頻率愈高，可以傳送的資訊量就愈多。光的頻率遠高於電波，故光一次可傳送的資訊量也遠多於電波。我們將在第5章的第242頁中詳細說明這點。

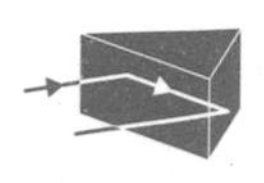

天空與大海為什麼是藍色的呢？

——波長較短的藍光會在空氣中漫射，在大海中則可持續前進

讓我們換個話題，想想看天空為什麼是藍色的吧。

太陽光可穿過大氣層（空氣）抵達地表。雖然大氣層是透明的，但其實空中的空氣分子會讓太陽光漫射開來。空氣分子非常小，而太陽光中波長較長的紅、橙、黃等光線，波長比空氣分子還要大，故不會漫射開來，而是直接穿過空氣分子，然而波長較短的紫、藍等光線碰到空氣分子後則容易漫射開來。這讓天空中的各處都看得到漫射開來的紫光或藍光，使整個天空看起來是藍色的（圖4-33）。

如果天空中沒有空氣的話，光就不會有漫射現象，使天空一片黑暗。搭乘太空船抵達大氣層外側仰望天空時，由於太空中沒有空氣可以讓光漫射，故即使是白天，天空看起來仍是一片黑暗。

那麼，為什麼大海是藍色的呢？小時候，愛亂掰的大人有時會對我們說「因為大海反射了天空的藍色啊」，但這其實是完全錯誤的說法。大海看起來之所以會是藍色，主因並不是漫射現象，而是水對光的吸收。

水與空氣一樣，對我們而言都是無色透明的樣子，但當我們觀察光穿過好幾公尺的水時，不同波長的光被水吸收的比例也會有所差異。

假設光從上方射入純水中，紅光到了10m深左右時，光的強度就會降為原來的1%左右，然而藍光卻可以抵達200m以上的深度（圖4-34），這是因為波長較長的紅光容易被水吸收。如第2章的圖2-25（第104頁）所示，水分子H_2O是由兩個氫原子（H）和一個氧原子（O）所組成的，這三個原子間會產生振動現象。每種分子都有特定的振動頻率，就水分子而言，其振動頻率與紅光的頻率接近，故被紅光照射到時會激烈振動（共鳴現象），進而吸收紅光。由於紅光進入海中後會迅速衰減，故紅色的鯛魚在深海

圖4-33 ● 藍色的光碰到空中的空氣分子時會漫射開來

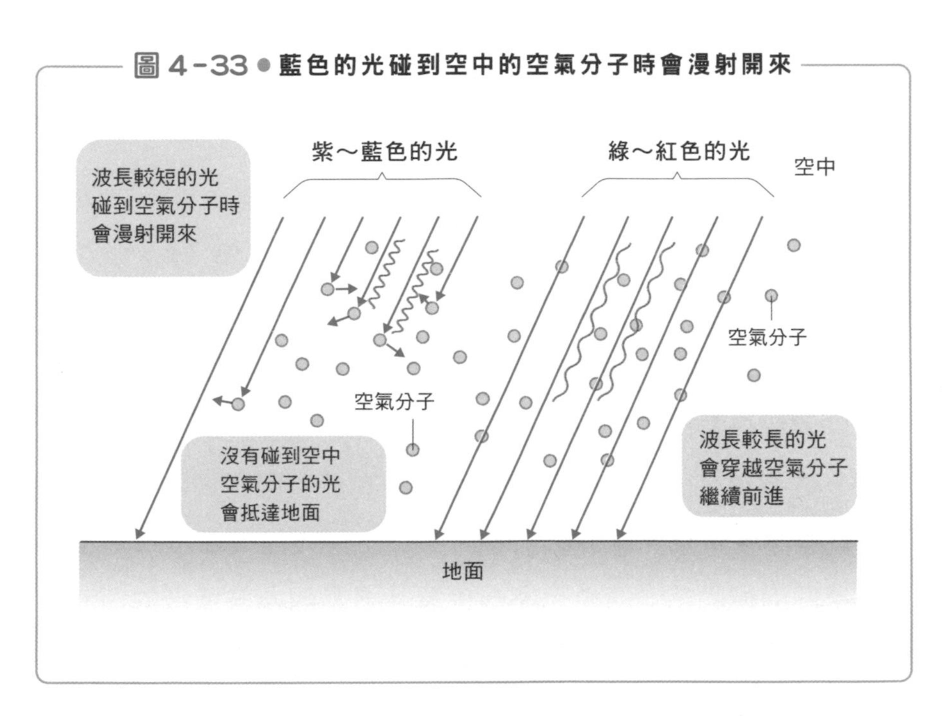

圖 4-34 ● 藍光在海水中可以前進較長的距離

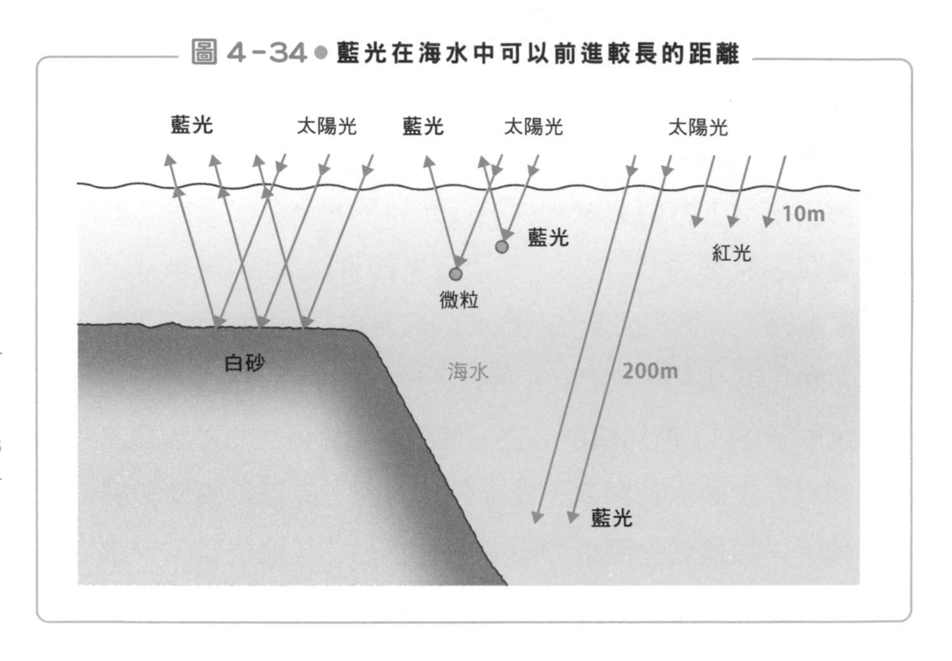

中看起來應該是灰色的才對。不過藍光就不會產生這種共鳴現象，故幾乎不會被水吸收，光可抵達海洋深處。

前面描述的是蒸餾水等純水的情況，不過海水內除了食鹽（NaCl）之外，還有許多鎂（Mg）、鈣（Ca）、鉀（K）等各式各樣的成分，此外還有各種植物、浮游生物存在，故海水吸收光的狀況與純水稍微有些不同。雖說如此，在清澈的海中，藍光可抵達的深度仍是紅光的十幾倍之多。由於藍光會被海水中的微粒漫射，或者被海底的白砂反射，使得只有藍光回到海面，所以大海看起來才會是藍色的（圖4-34）。

不同海域的海洋顏色也略有差異。這是因為各海域的海底地質或海水含有的雜質各有不同。日本沖繩周圍的海水看起來之所以是漂亮的藍色，是因為這裡的浮游生物很少，透明度很高，使海底珊瑚的白砂所反射的藍光可以穿出海面。

湖水的顏色基本上也是如此，湖水中雖然沒有鹽分，不過周圍山川所含有的各種礦物質會流入湖中，使湖水呈現出各式各樣的顏色。

摩周湖（北海道）的深藍色十分有名（照片4-1，參考卷首彩圖）。摩周湖沒有任何河川注入，幾乎不含任何雜質及養分，故也沒有生物生存。因此光線射入透明的湖水之後，水分子的振動吸收了波長較長的光，只剩下波長較短的藍光或靛色光在漫射後穿出湖面。

仔細觀察冰河的裂縫或末端，可以看到如照片4-2（參考卷首彩圖）般的藍色。由於顏色很淡，如果被陽光直射的話很難看得清楚它的顏色，但如果在陰影處就可以看得到很漂亮的藍色了。這與海水或湖水看起來是藍色的原理相同，冰河的冰也是由水形成的，會迅速吸收紅光，只有藍光能夠在冰中漫射後穿出讓我們看到。

對人類肉眼有害的光：紫外線與藍光

——請避開短波長的光

人類要是沒有來自太陽的光便無法生存，但太陽光中也含有對人體有害的光線。幸好這些有害光線大多會被空中的大氣層擋下來，無法抵達地面，我們才能放心地生活。不過仍有少數有害光線會抵達地表，紫外線就是其中之一。如圖3-1（第113頁）所示，紫外線的波長比可見光還要短。波長愈短的電磁波（光也是電磁波的一種），含有愈多能量，故長時間曝曬在紫外線下會對人體有不良影響。

紫外線的波長為10nm～380nm，範圍相當廣，可依波長分為三類。波長較長的315nm～380nm是UV-A（UV：Ultra Violet）；次長的280nm～315nm是UV-B；而280nm以下則是UV-C。在抵達地表的所有紫外線中，UV-A占了約95%、UV-B約占5%，UV-C無法通過地球的大氣層，幾乎不會抵達地表。

UV-A是能量較低的紫外線，但照射量大、滲透力高，故對肌膚的影響很大，是斑點、皺紋、鬆弛等肌肉老化現象的原因之一。UV-B的能量比UV-A強，可使表皮受損，是戶外曬傷的主要原因。

這些光線對眼睛的影響更為嚴重。如圖4-35所示，UV-A與

UV-B進入眼睛時，會被角膜和水晶體吸收，造成這些部位的傷害，是角膜病變與白內障的原因。少數UV-A甚至有辦法抵達視網膜。除了紫外線以外，可見光中波長較短的**藍光**（波長在380nm～490nm附近的光）也對眼睛有不良影響。藍光不會被角膜或水晶體吸收，而是直接抵達視網膜，會增加老年性黃斑部病變發病的風險。

而最近的研究中發現，人類眼睛的視網膜內有負責控制「**晝夜週期**」的細胞。這裡的「晝夜週期」指的是早上時讓人清醒，晚上時讓人想睡覺的週期。這種細胞只會對波長460nm這種帶有較強能量的光產生反應，而這個波長就是我們所說的藍光。太陽光中當然也含有藍光，如果早上沐浴在太陽光下，就會有調整晝夜週期的效果。有人說到國外出差時，可以去打個高爾夫球，讓

圖 4-35 ● 人類的眼睛與紫外線、藍光可抵達之部位

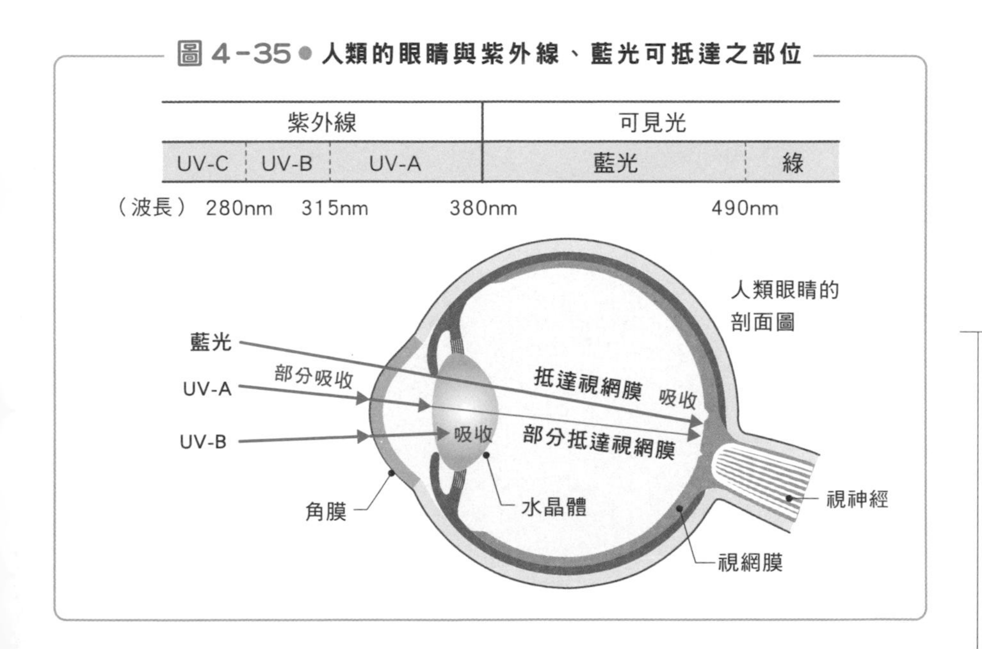

自己沐浴在陽光下，有助於調整時差，也是這個原因。

不只太陽光含有藍光，電腦、智慧型手機的畫面也有藍光。這些畫面大多是由液晶螢幕組成，其背後大多會用白色LED（參考第234頁）的光照射。而白色LED的光含有大量藍光。因此如果晚上長時間使用電腦或智慧型手機的話，不只會使晝夜週期紊亂、眼睛疲勞，還可能會引起睡眠障礙，所以要盡可能避免這種情況。

長時間觀看電腦或智慧型手機的螢幕而難以入眠時，或許有些人會覺得這是因為一直動腦的緣故，但這也可能是在藍光的影響下，使你的晝夜週期產生紊亂。由於藍光會對眼睛和身體造成很大的負擔，故日本厚生勞動省的建議中亦提到「工作時，每使用一小時的顯示器後，建議休息15分鐘左右」。

我們可以藉由「UV CUT」的眼鏡擋下紫外線，於戶外活動時可戴著有帽沿的帽子以遮蔽紫外線。另外，有些眼鏡還可以減少通過的藍光。若能善用這些工具，就可以有效保護你的眼睛。

第5章

接下來是光子學的時代

光子學是什麼？

——電子學與光子的控制技術

20世紀可說是「電子學（Electronics）」的時代。電子學技術可控制電子（electron）的運動，以實現各種功能、性能。與之相對的**「光子學（Photonics）」，則是控制光子（photon）的技術**。

電子學的技術可追溯到20世紀初發明的真空管。真空管可控制其內部的電子流動，以增幅微弱的電訊號或者改變頻率，使電報、電話等通訊領域，以及廣播電台、電視播放等領域得以迅速發展。而在第二次世界大戰後的1948年所發明的半導體電晶體，使電腦等各種數位機器的製作得以實現，迎來了電子學的全盛時期。與真空管相比，電晶體可控制半導體內的電子流動，有著體積小、電力消耗低、壽命長（幾乎不會損壞）等優點，目前已全面取代真空管。電晶體後來還發展成微小的積體電路（IC或LSI等），是支撐著今日資訊化社會的基礎。

光子的概念源自於剛進入20世紀的1900年代時，由**普朗克**（參考第118頁）與**愛因斯坦**（參考第177頁）所提出著眼於光的粒子性——也就是光子的假說及實證研究。1960年代時，雷射的發明使光的科學技術領域急速發展，相關領域就被稱為「光子學」。到了21 世紀，光子學的技術逐漸實用化，故被稱為光子學的時代。也就是說，**20 世紀是「電子的時代」，相對的，21 世紀則被認為是「光的時代」**。

以上我們所提到的由電子學到光子學的技術發展，其過程如圖 5-1 所示。

為了避免產生誤會，在這裡要特別說明，由圖中可看出，進入光子學的時代，絕不代表電子學時代的消失。電子學仍會繼續在自己的路上發展，同時與光子學一起開拓出新的世界。

本章將會把焦點放在光的相關科技上，一起來看看光的各種用途。

圖 5-1● 從電子學到光子學

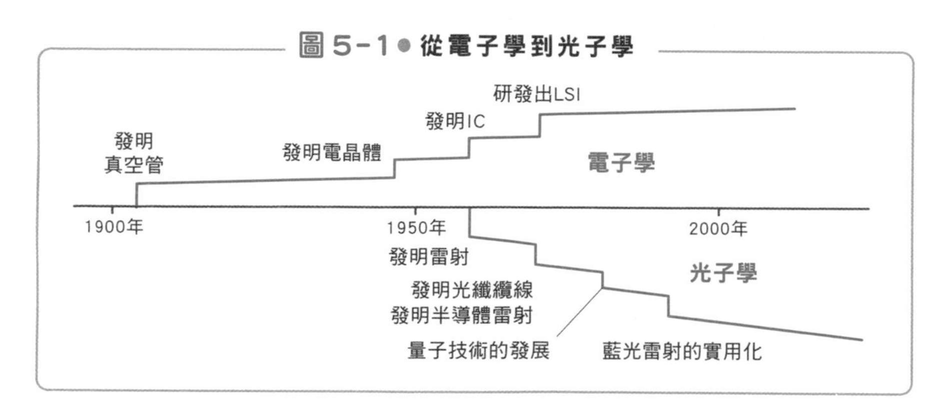

雷射光

——用於光通訊的同調光

光子學時代開始的契機是1960 年左右發明的**雷射**。

雷射是指能夠產生雷射光這種「漂亮的」光的裝置。電燈、日光燈、近年來出現的LED燈泡等一般光源所產生的光，其前進方向、波長、波峰或波谷的位置（相位）都各不相同。相較之下，雷射光的前進方向、波長、波峰或波谷的位置皆一致，是波長單一、相當純粹的光。這種光又稱為「**同調光**」。在這之前，人們也做得出單一波長的光，也就是所謂的單色光，但單色光的相位並不一致，如圖5-2（a）所示。相對的，同調光不僅波長相同，

圖 5-2● 單色光與同調光

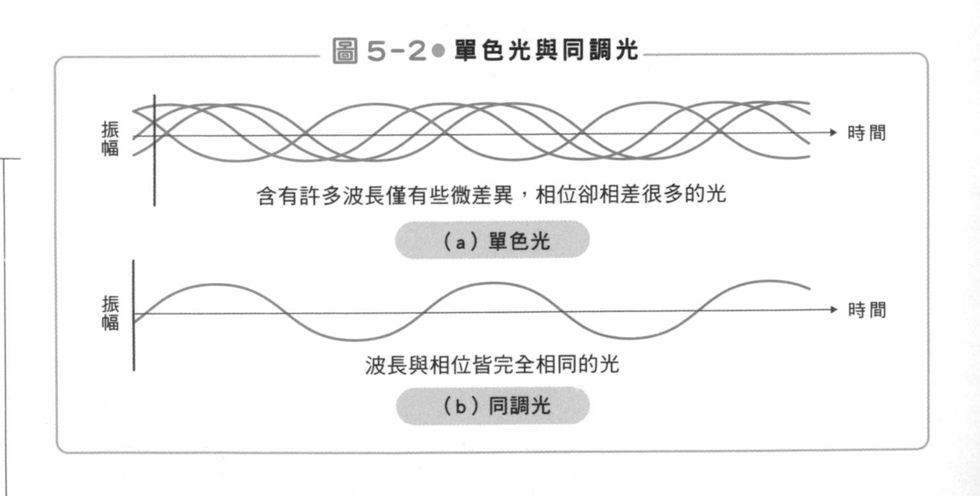

連相位都一模一樣，如圖5-2（b）所示。

這種雷射光與過去人們所使用的光不同，有著許多優點。

雷射光可聚縮成銳利的光束，有效率地傳送至遠方。一般的光雖然會直線前進，但因為有繞射現象，所以會散得愈來愈開。雷射光也會因為繞射的影響而散開，但我們可以將雷射散開的程度限制到最小。也就是說，我們可以製造出很銳利的雷射光束。而且，雷射光為單一波長的光，故可以用透鏡將光聚焦成非常小的一點（沒有色差）。換句話說，我們能將大量的光能量聚焦在同一點上。

由於雷射光能將大量的能量聚焦在同一點上，故我們可以用雷射光來切割、焊接鐵板等金屬製品。甚至還可以用雷射光在鑽石上鑽孔。

另外，光波與電波同樣具有「波」的性質，為其一大特徵。在這之前，我們即使知道光是波，卻沒有好好利用其波的性質。而雷射光因為是同調光，故可藉由波的相位差異，應用在各個領域上。

雷射光是利用原子中的電子從激發態軌道回到基態軌道時，就會放出光的現象產生的（參考第159頁的「專欄」）。

這種雷射的原理如圖5-3所示。圖中的例子是雷射發展初期時常使用的氦氖雷射，在放電管內封入氦與氖的混合氣體，並在兩端設置反射鏡。若沒有鏡子的話，就和一般的放電管一模一樣，不過加了鏡子之後，光會被關在放電管內，這就是產生同調光的關鍵。

將這種狀態下的放電管通以高壓電，內部的原子就會轉變成激發態。雷射裝置中，會讓處於激發態的原子數比處於基態的原子數還要多。假設此時有一個處於激發態的原子變回基態，放出光線，便會刺激附近的激發態原子也放射出同樣波長、相位的光，接著又會刺激其他的原子，產生連鎖反應，放射出相同波長、相位的光，使光線變得更為強烈，朝同樣的方向前進。這種現象稱為「**受激發射**」。這個光會被位於兩端的反射鏡反射，關在放電管裡面，使光線變得更強。而若將其中一面反射鏡換成半反射鏡，使一部分的光射出，就成了雷射光。

愛因斯坦於1916 年時發表了這個受激發射理論。愛因斯坦的貢獻不僅限於光電效應（參考第176 頁）及相對論，還包括了雷射的基礎原理。

圖 5-3 ● 氦氖雷射的原理

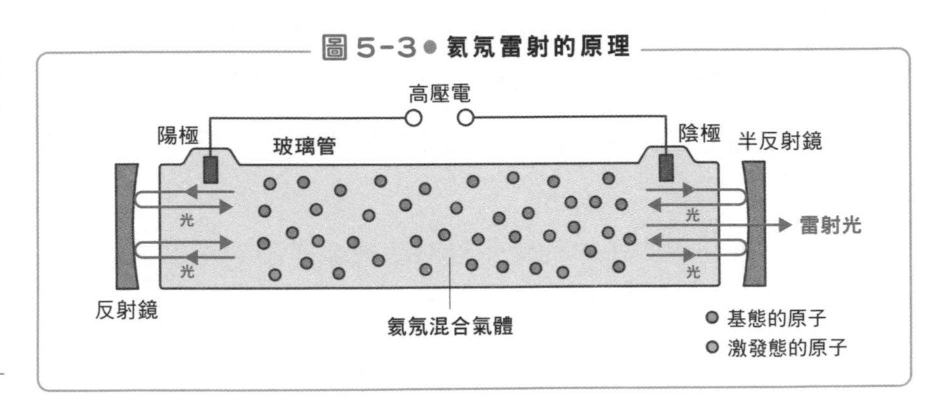

半導體雷射

——1 秒內發出數百億次光脈衝

許多物質皆可用來產生雷射，CO_2（二氧化碳）或前一節的圖5-3 所提到的He（氦）與Ne（氖）之混合氣體可用來產生「**氣體雷射**」，紅寶石或YAG（釔鋁石榴石）可用來產生「**固體雷射**」，而半導體的單晶則可用來產生「**半導體雷射**」。這些雷射依其波長與輸出能量而有不同功能，其中，光子學的主角是半導體雷射。

半導體雷射裝置的結構如圖5-4（a）所示（圖中範例只是其中一個例子），整體裝置相當小，甚至不到1mm。半導體可依其電學性質分成P型半導體與N型半導體。將這兩種半導體夾住一層極薄、又稱為發光層（或活性層）的半導體，就形成了雷射裝置（圖5-4（b））。這種將P型與N型半導體接在一起的元件稱為「二極體」，故半導體雷射裝置也叫做「**雷射二極體**（LD：Laser Diode）」。

若在雷射二極體的兩端施加電壓，可使發光層放出光線。而若在發光層的兩邊加上反射膜，則可將放出的光線關在發光層內來回反射，引發受激發射現象，產生波長與相位相同的強光。若將反射膜替換成半反射膜，便可使部分的光射出，形成雷射光。

前面我們提到雷射光是由單一波長的單色光所組成，但實際上大部分的雷射光會如圖5-4（b）的右側所示，以某個波長為主，同時也會稍微放出數種相鄰波長的光。這樣的雷射光在一般用途上不會有太大的影響，不過光纖纜線中的光要用在長距離的訊號傳輸，此時不同波長的光會造成不良影響。為了讓產生的雷射光

圖5-4● 雷射二極體

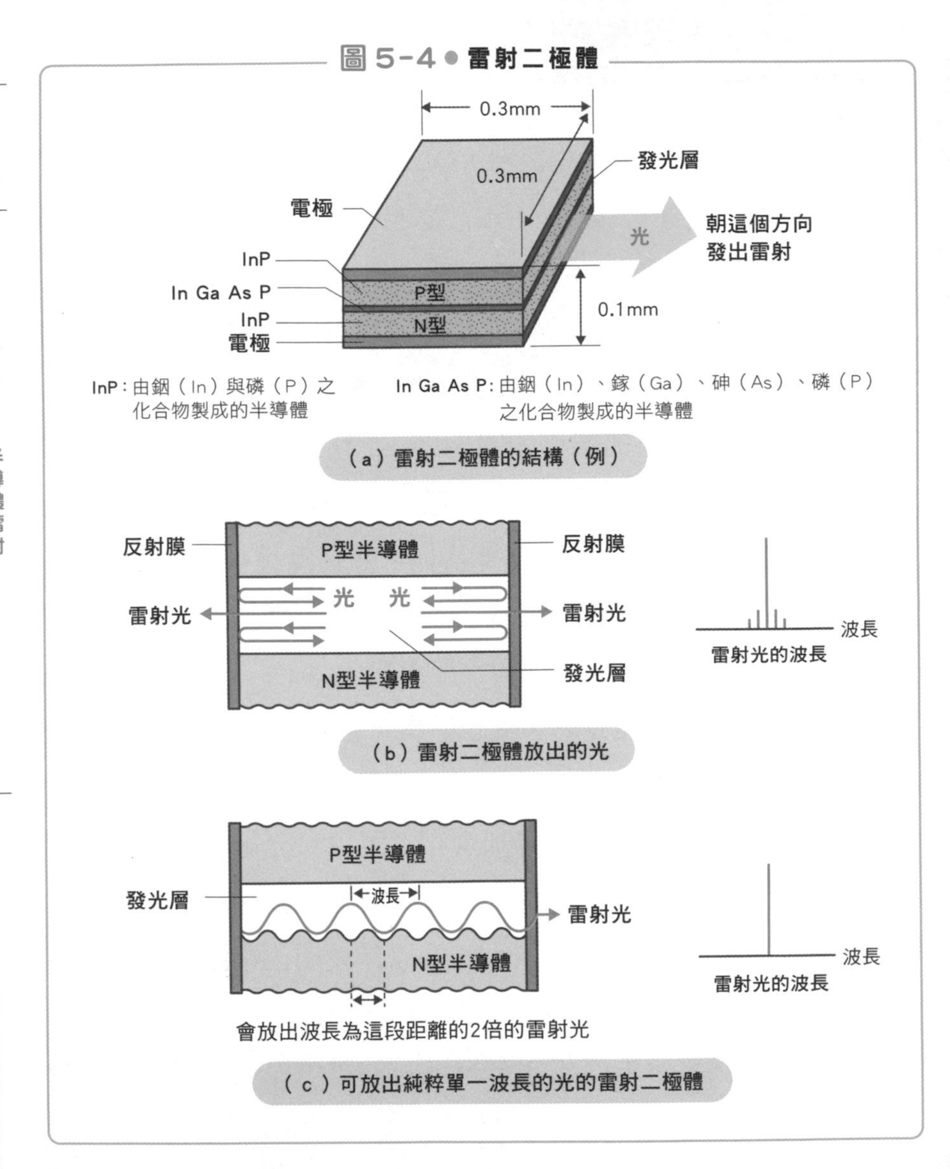

（a）雷射二極體的結構（例）

（b）雷射二極體放出的光

（c）可放出純粹單一波長的光的雷射二極體

只有單一波長，必須將雷射二極體製成如圖5-4（c）般的特殊結構。也就是說，重點在於將N型半導體與發光層的交界面製作成像圖上一樣的波浪形。

這麼一來，由發光層所產生的光打到這個波浪形交界面的波峰時會彈回來。其中，波長為相鄰波峰距離2倍的光，在打到交界面的波峰而彈回來時，會與原本的光重合，使光的強度變得更強。而其他波長的光在打到交界面的波峰而彈回來時，會與原本的光慢慢錯開，隨著時間的經過逐漸消失。最後，就只有波長為交界面相鄰波峰距離2倍的光，會變成雷射光射出。

如圖5-5（a）所示，只要在雷射二極體上施加電壓，就會發出雷射光。如果使電壓在開、關間來回切換的話，雷射光也會跟著在明、滅間來回切換，能夠如圖5-5（b）一般產生光脈衝。雷射二極體的特徵就在於能夠以相當快的速度切換雷射光的明滅，

圖5-5● 雷射二極體的操作

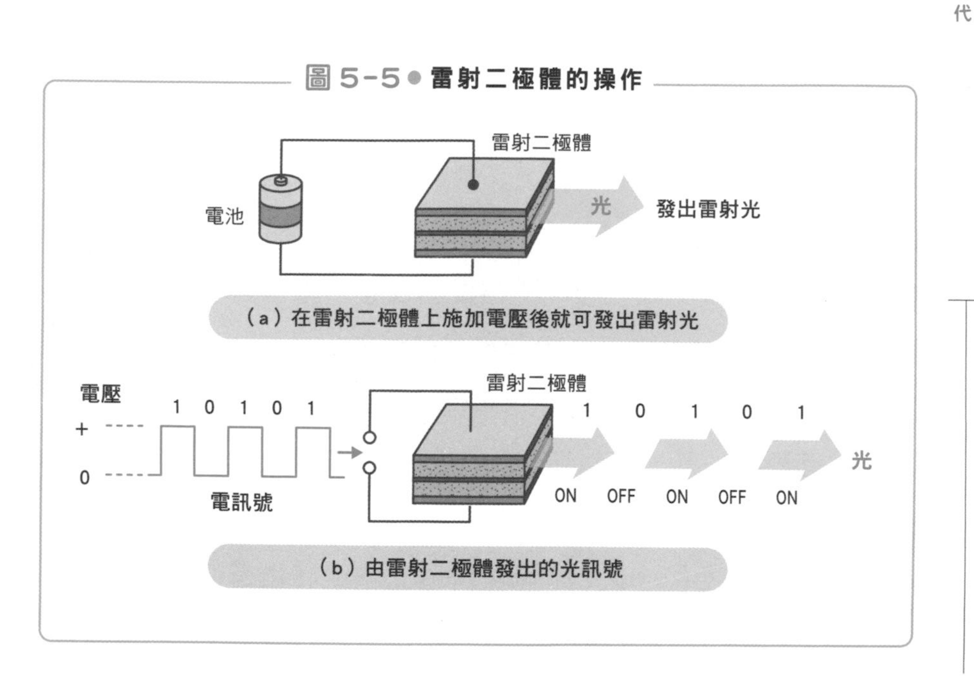

1 秒內可以切換數百億次。這是其他光源辦不到的事，故我們可以藉由這個特徵，實現之後會提到的光通訊。

半導體雷射的光，其波長主要是由使用的半導體種類決定。圖5-4 的例子中，使用的是銦（In）與磷（P）之化合物（InP）製成的半導體結晶。除此之外，鋁（Al）、鎵（Ga）、砷（As）的化合物，或者是鋁（Al）、鎵（Ga）、銦（In）、磷（P）的化合物製成的半導體也可以產生雷射。這些半導體的雷射皆為紅色～綠色的光。

2014 年，三位日本學者（**赤崎、天野、中村**）獲得了諾貝爾物理學獎。而他們之所以獲獎，就是因為他們**用產生藍光時必備的鎵（Ga）與氮（N）的化合物半導體（GaN），首次成功製作出了實用化的藍光半導體**。至此，人們終於製作出從紅色到藍色，可發出所有色光的半導體雷射。

半導體雷射有許多用途，通常我們會依不同目的選用適當波長的半導體雷射。

雷射筆通常會使用紅色或綠色的雷射光，因為雷射筆不需要嚴格控制其波長，所以會以容易製造、低成本為優先考量的重點，選擇可放出紅光或綠光的半導體。相較之下，用來讀取CD、DVD、BD（藍光光碟）的半導體雷射裝置，就需要使用特定波長的雷射光，如圖5-6 所示。讀取光碟的雷射光波長愈短愈好，而一開始制定CD與DVD的規格時，選擇的是易於製造的紅光雷射。之後在前面提到的藍光雷射發明後，便制定了可用藍光雷射讀取的BD規格。

在通訊領域中，以光纖纜線傳輸光訊號時也是使用雷射光。

如同我們在第214頁的圖4-32中介紹的，光纖使用的是波長較長，位於紅外線波段的光。圖5-6中標出了光纖所使用的波長。特別是在進行長距離傳輸時，會使用圖5-4（c）中的雷射二極體，發射出在光纖纜線內衰減程度最小、波長在1.48～1.56 μm的雷射光。

使用光纖纜線傳輸光訊號時，必須使用雷射光這種單一波長的光才行。若混雜了許多波長不同的光，會因為不同波長的光在玻璃內的折射率不同，使收到的光訊號散開，無法傳輸正確的訊號。因此也可以說，如果沒有雷射光的話，就無法以光纖網路來實現訊號傳輸。

圖5-6● 半導體雷射的用途與使用波長

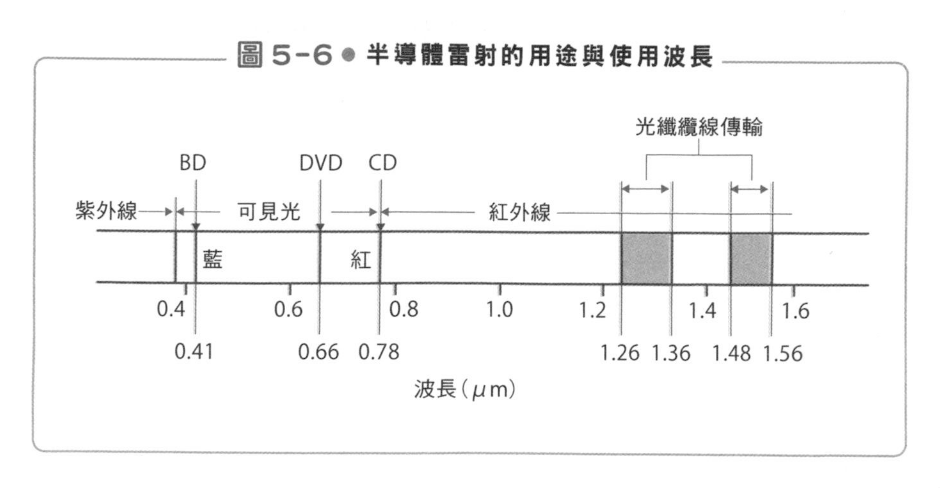

LED是21世紀的照明工具

——藍光 LED 的發明拓展了 LED 的用途

LED（Light Emitting Diode：發光二極體）是一種與半導體雷射很相似的裝置。LED同樣是利用半導體產生光線，但與雷射二極體不同，LED沒有像圖5-4（b）般的反射膜，光不會在發光層內來回反射引起受激發射現象。發光層所產生的光會直接釋放出來。因此，LED所發出的光，波長（光譜）有一定的寬度，如圖5-7所示。另外，與雷射的銳利光束不同，LED的光有一定的廣度，並會逐漸擴大。

與半導體雷射裝置相比，LED的結構較簡單，製作成本較低。

圖5-7● 雷射與LED的發光光譜的差異

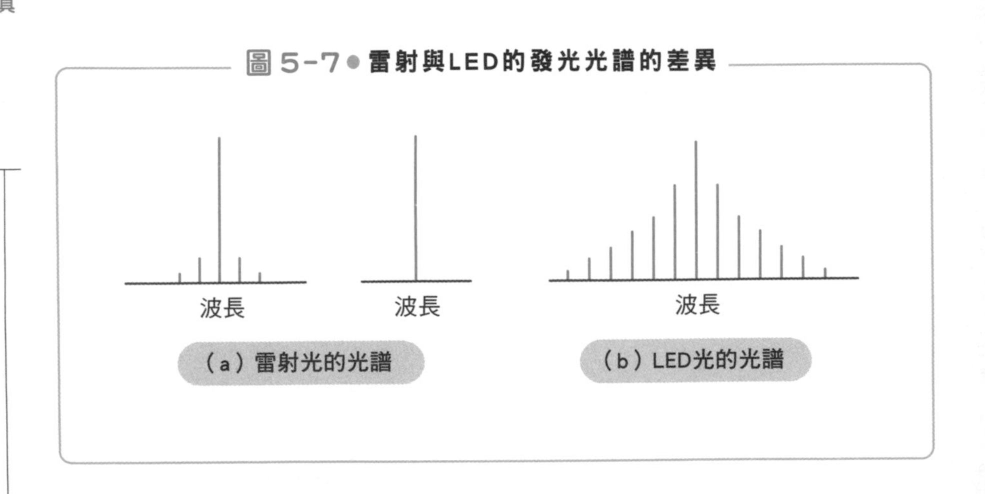

LED比半導體雷射還要早發明，如前一節所述，雖然藍光LED（半導體雷射裝置與LED使用的是同樣的半導體）是在1990年代時才出現，不過早在1960年代時，紅色～橙色（～綠色）的LED就已投入實用。

到藍光LED投入實用後，紅、藍、綠三原色的LED到齊，使我們可以製作出能發出白光的LED。

如圖5-8（a）所示，白光LED電燈可以用並排在一起的三原色LED來實現，不過目前所使用的LED電燈結構幾乎都是如圖5-8（b）般，由藍光LED與外面的黃色螢光體組合而成。黃色與藍色為互補色，故將藍色與黃色的光混合後會得到白光。不過要特別注意的是，這種白光只是在人的肉眼中看起來是白色而已，和太陽光這種有連續光譜的白光在光譜上有很大的差異。

圖5-8● 由LED產生的白光

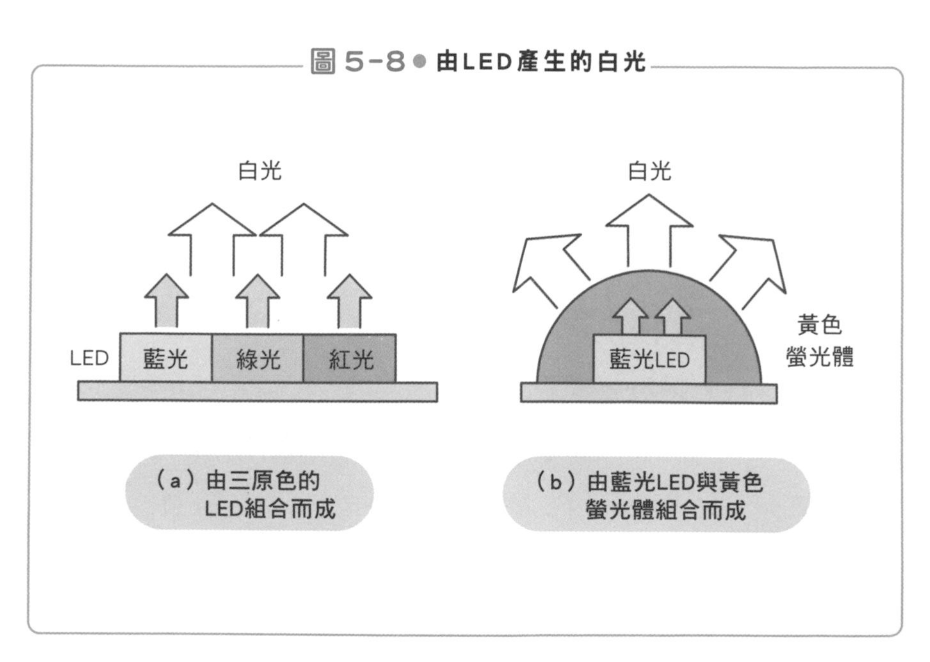

說到LED的特徵，第一個會想到省電，再來就是壽命很長（不像白熾燈或日光燈那樣，燈泡或燈管損壞後就不能用了）。LED燈泡與過去的白熾熱燈不同，不需要藉由熱來發光，可以直接將電能轉換成光，發光效率高了許多。10W（瓦特）的LED燈泡就可以達到與60W白熾燈同樣的亮度。而目前的LED燈泡可將輸入電力的50～60%轉換成白光，未來的研究方向就是如何將效率提升至接近100%。

由於LED消耗的電力很少，也不用擔心燈管損壞的問題，故可以用在很多地方。

照明用途上主要使用的是白光LED，除了取代原本的白熾燈泡，當作一般的照明燈使用之外，還會用在汽車的車燈（除了車頭燈外，還包括紅色的剎車燈、尾燈），以及汽車、飛機上的儀表燈等。另外，白光LED也會用在電腦、電視、手機的液晶螢幕背光模組上。

展示用途上，在藍光LED發明以前，車站或電車內便已大量使用LED燈板，而在藍光LED實用化之後，交通號誌也逐漸被替換成LED。

以上所說的都是可見光LED，另外還有可發出不可見光的紅外線LED和紫外線LED。

紅外線LED可用於檢測氣體。波長為1.6～4.6μm的紅外線會被CO_2、CO、CH_4、H_2O等氣體吸收，故可用於特定氣體的檢測、濃度測定等。另外還可用在靜脈指紋檢驗上。以近紅外線照射手指時，血紅素會吸收近紅外線，使該部分呈現黑色的圖案。故我們可以用紅外線攝影機拍攝穿透過手指的紅外線，得到靜脈分布圖像，製成靜脈指紋資料的資料庫。除此之外，紅外線LED還可用在極短距離的紅外線通訊上。

紫外線LED則可以用於辨別紙幣的真偽。以紫外線（波長0.375μm）照射識別對象的紙幣時，可由反射光看出哪些地方有使用UV（紫外線）墨水，與真正的紙幣對照後藉此判斷出紙幣的真偽。

另外，LED還可用於植物培養、捕蟲裝置、漁業、殺菌、光觸媒等各種領域。

CD、DVD、BD

——藍光雷射可記錄 DVD 5 倍的資料密度

讀取CD、DVD、BD（Blu-ray Disc，藍光光碟）時，皆需用到可放射出銳利光束的雷射裝置。

它們都是將數位資訊記錄在直徑12cm（有些是8cm）的塑膠光碟上，並使用雷射光讀取資訊。這些光碟的基本原理大致相同，故以下以CD的結構為例進行說明。

CD的結構是在一個直徑12cm、厚1.2mm的透明塑膠圓盤上，蒸鍍一層鋁製薄膜的反射層。如圖5-9所示，在這個鋁製薄膜上有稱為Pit的突起。這個Pit扮演著重要的角色，它可以記錄以「1」、「0」來表示的數位資訊的位元。Pit的寬度為0.5 μm，長度則有九種，從0.83 μm到3.56 μm，CD就是藉由這些Pit來表示「1」和「0」的位元串列（數位訊號）。Pit列又稱為資料軌，兩個資料軌的間隔為1.6 μm。光碟上的資料軌由內側往外側繞出，呈現漩渦狀。

讀取這些以Pit記錄的資訊時，必須如圖5-9中的剖面圖般，以雷射光（波長為0.78 μm）照射透明塑膠基板的這一側，再讀取被鋁製薄膜反射的光。雷射光是由雷射二極體所放出來的銳利光束，原本就很集中，再經由透鏡匯聚後，又更能聚焦在鋁製反射膜上。

如我們在第204頁所提到的，一般的光會因為色差而無法匯聚於同一個焦點，但雷射光是只有一種波長的單色光，故可將光線匯聚成只有Pit大小的極小點。接著只要讓光碟旋轉，使光碟上的Pit列以一定速度前進，便可由Pit的長度、Pit與Pit的間隔，讀取到「1」、「0」等數位資訊。

這麼一來，我們就必須區分出被Pit反射的雷射光，以及被沒

圖5-9 ● CD的結構與原理

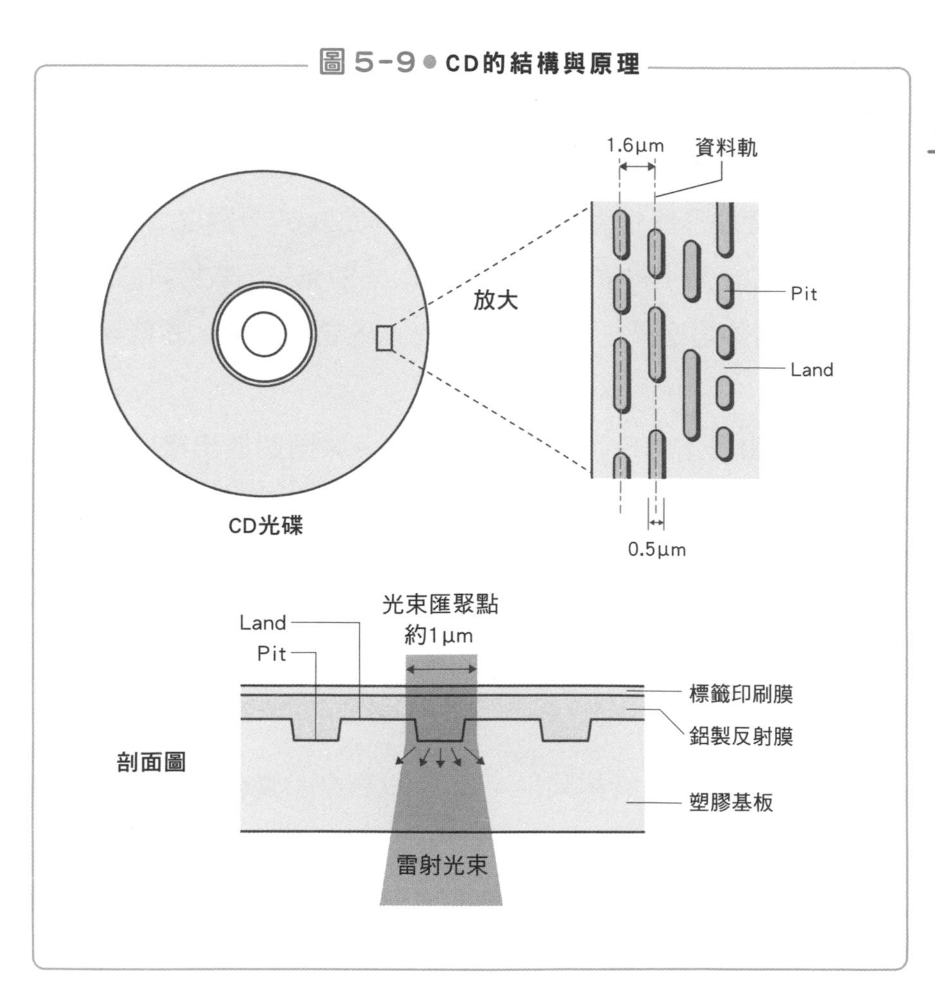

有Pit的部分（也就是Land）反射的雷射光之差異。當雷射光打到沒有Pit的Land部分時，會保持原樣反射回去；不過當雷射光打到小小的Pit時會產生漫射現象。另外，如果在設計Pit的高度時，使Pit的反射波與Land的反射波相位差為180度，那麼Pit的反射波與Land的反射波就會彼此干涉相消，使光線變暗。光碟機就是像這樣藉由反射光的強度差異（明暗）來讀取數位訊號的。

CD是為了記錄長時間的音樂而開發出來的產品，在此之前，人們使用的是直徑30cm的LP唱片來記錄聲音。LP唱片是以類比方式將聲音的波形記錄在塑膠製的圓盤上，再以電流讀取。單面LP唱片可記錄30分鐘、雙面可記錄60分鐘的音樂。與之相比，CD可以在直徑只有12cm的單面圓盤上，記錄60分鐘以上的音樂。這是因為CD使用了數位技術，以波長較短的光來讀取資訊的關係。而也只有能夠發出單一波長之銳利光束的雷射裝置，才能辦到這件事。

CD是由日本的Sony與荷蘭的Philips共同開發出來的產品。原本CD的可記錄時間為60分鐘，不過當時Sony的大賀副社長希望CD有辦法記錄一整首「貝多芬第九號交響曲」，故決定將可記錄時間延長至74分鐘。經此調整後，光碟大小也從一開始的直徑11.5cm（錄音帶的對角線長度）變更為12cm，成為了今日的標準大小。

DVD與CD的結構相同，不過其Pit更小、資料軌的間隔也較窄，故同樣大小的光碟可以記錄密度更高的資料（可以排列更多的Pit）。有人說，是因為好萊塢的電影產業想要製作出與CD相同大小的媒介來播放電影，DVD才因應這個需求而誕生。

BD可記錄的資料密度又更高了。CD與DVD是使用紅色的雷射光（CD的波長為0.78 μm、DVD為0.66 μm）讀取資料，相對的BD則如其名「Blu-ray」所示，使用藍色的雷射光（波長為0.41 μm）讀取資料。由於藍光的波長比較短，故Pit可以做得更小，資料軌的間隔也可以變得更小。另外，在高性能透鏡的使用下，匯聚後的BD雷射光光點可以在DVD光點的一半以下，使BD的記錄密度可高達DVD的5倍左右。

或許你也注意到了，讀取BD必須要使用藍光雷射裝置。CD於1980年代前期實用化、DVD是在1990年代後期實用化，而BD則是在發明了藍光雷射二極體之後的2000年代中期才登場。

用光來通訊

——容量愈來愈大、速度愈來愈快

以光訊號取代過去的電訊號、電波訊號，使通訊能力有了飛躍性的成長。現在的我們就是利用光所構成的網路，將世界各地連結在一起。

為什麼要用光來通訊呢？只要看了本書一開始說明過的圖1-19（第36頁）就能明白了，電磁波的頻率愈高，可以傳送的資訊量就愈多，而光是一種比目前用於傳訊的電波還要高了1000倍以上頻率的電磁波，故可用來傳送大量的資訊。

在雷射裝置與光纖纜線（參考第211頁）的實用化後，我們終於能實現用光來通訊的技術。特別是在光纖纜線誕生的1970年代，小型易操作的半導體雷射裝置也漸趨成熟，使光纖傳訊的實用化進程一口氣前進許多。

光纖傳訊如圖5-10（a）所示，是將數位訊號（「1」與「0」）轉換成雷射二極體發出的光線的ON與OFF（光的脈衝），使之在光纖纜線中傳送。而訊號接收端則利用感光元件將收到的光脈衝轉換成電訊號脈衝。這裡的光的ON或OFF對應到數位訊號的一個bit（位元）。若能愈快速地切換ON與OFF，就能以愈快的速度傳送資料（1秒內可傳送的bit數愈多）。

過去以銅纜線或無線電波來傳輸訊號時，最多只能達到400M bit／秒的傳送速度，然而光纖傳訊卻可達到1G bit／秒以上，甚至可以達到數10G bit／秒的超高速傳訊。這種傳送速度絕不可能以電訊號通訊達成，光纖卻能夠在那麼短的時間內傳送那麼大量的資料。

圖5-10（a）中，使用了一條光纖纜線，來傳送由一個雷射二極體所發出的光。不過因為雷射光只有一個波長，所以我們可以用同一條光纖纜線，同時傳送由其他雷射二極體產生的不同波長的光。只要在訊號接收側以繞射光柵般的裝置（分波器），將不

圖5-10● 光纖傳訊

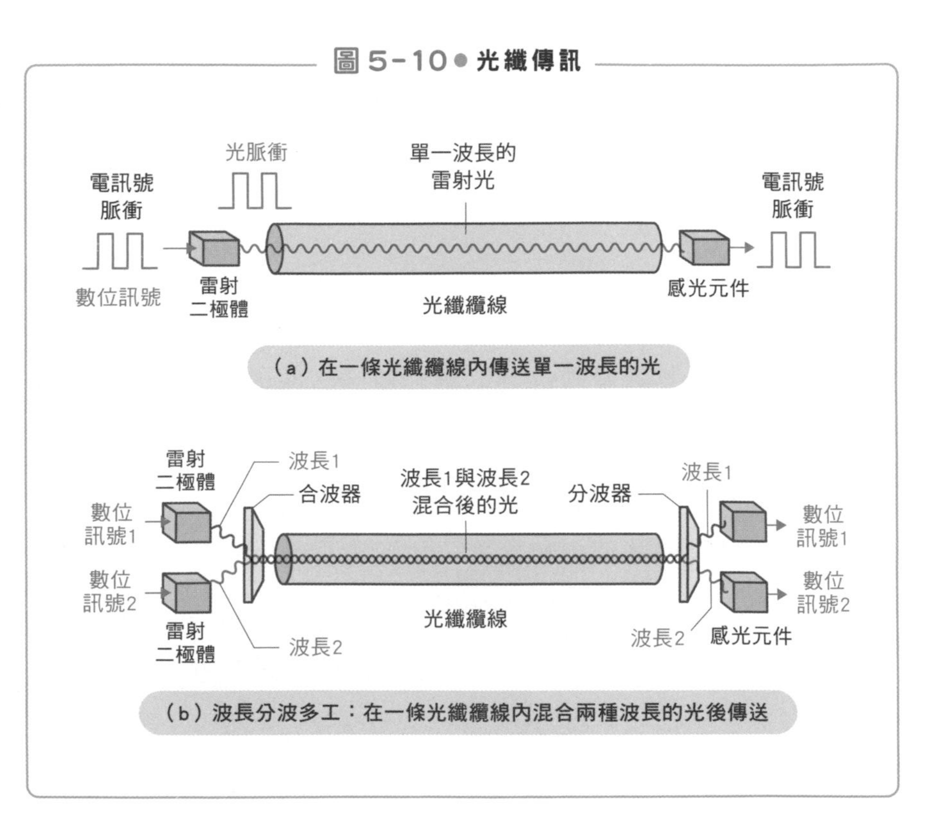

（a）在一條光纖纜線內傳送單一波長的光

（b）波長分波多工：在一條光纖纜線內混合兩種波長的光後傳送

同波長的光分開，就可以用一條光纖纜線實現2倍的傳訊速度（圖5-10（b）），這又叫做「**波長分波多工**」。若同時使用三種不同波長的光，那麼整體傳送速度就會變成3倍。也就是說，只要增加波長相異之光線的光源，即使用的是同一條光纖纜線，也可以提升數倍的傳訊速度。

舉例來說，假設一個波長的光能以40G bit／秒的速度傳送資訊，那麼用一條光纖纜線同時傳送40個波長的光時，整體訊號的傳送速度便可達到40G bit／秒×40波長＝1.6T bit／秒，可說是超大容量、超高速的傳訊方式。這種「波長分波多工」的性質，使光纖傳訊的速度一下子加快了許多。

近年來，只用一個波長便可高速傳輸訊號的**數位同調傳輸**漸受矚目。過去的光纖傳輸皆是將數位訊號的「1」、「0」轉換成光的ON、OFF，也就以光的振幅大小來代表數位訊號。不過雷射光是相位統一的同調波，故除了光的振幅之外，也可以用光的相位變化來對應數位訊號的「1」、「0」，如此一來除了振幅變化外還多了相位變化，可以一次傳送更多的bit數，藉此達到更高速的傳輸。這是過去用電波來傳輸數位訊號時所用的方法，亦適用於同調光。若使用這種數位同調傳輸方式，光是一個波長的光，速度就可以高達100G bit／秒以上。

使用這種數位同調傳輸方式，搭配波長分波多工，便可用一條光纖纜線做到超高速的訊號傳輸。

就像這樣，光纖訊號傳輸的速度每一年都在進化當中（圖5-11）。

目前，連接日本與美國的海底纜線已全部換成了光纖纜線，使我們能夠迅速傳輸大量的資訊。日本國內的骨幹線路也已幾乎換成了光纖纜線。國際電話、長途電話的費用能變得更便宜、能用同樣的價格（支付給網路供應商的固定費用），從網路上獲得來自世界各地的資訊，都是因為全面改用光纖纜線來傳輸訊號的緣故。現在也有愈來愈多的公司利用光纖纜線來傳輸來自國外的電視訊號。

我們可以說，現代的資訊社會就是由光纖纜線形成的網路支撐起來的。

圖 5-11●長途通訊傳輸速度的進化

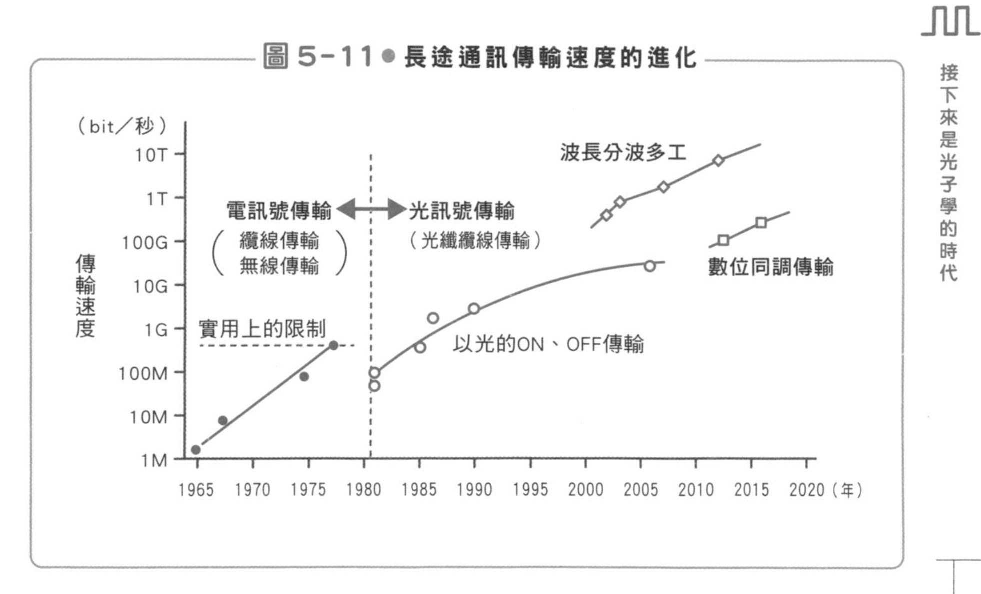

會用到光的「量子電腦」

——什麼是「量子疊加態」？

不管是個人電腦還是超級電腦，現代的電腦都是藉由半導體元件，以電訊號來表示「1」、「0」，再進行運算處理。然而即使我們再怎麼努力，這種方法的資訊處理能力仍有上限。

於是有人想到，我們可以利用物質的量子力學性質來製作電腦。所謂的「量子」，指的是原子、電子、光子等無法以過去的古典力學來解釋其行為的粒子。我們可以利用這些量子的行為，實現過去的方法不可能辦到的超高速運算，這就是所謂的「**量子電腦**」。

這種量子電腦的運作原理與過去我們所使用的電腦完全不同。據說若能製作出量子電腦，就可以將某些過去電腦需耗時幾萬年的運算，在一瞬間計算出結果。其原理簡述如下。

目前的電腦（數位電腦）皆以「1」或「0」等所謂的「位元」為基礎來進行運算。其運算方式可以用古典力學來說明。然而在量子力學中，一個光子不僅代表「1」或「0」，還可以代表由「1」、「0」疊加後的狀態（又稱為「**量子疊加態**」）。這種可疊加的狀態被命名為「**量子位元**」，未來的量子電腦（若使用的是光子，則可稱之為「光子電腦」）就是以這種「量子疊加態」的「量子位元」為基礎來進行運算。

讓我們試著用光的粒子，也就是光子來看看什麼是「量子疊加態」吧。

請各位回想一下第 165 頁的圖 4-1 中，楊格的光干涉實驗。實驗中，楊格讓光通過互相平行、間隔狹小的兩條狹縫，此時會在背後的屏幕上看到亮線與暗線交互出現的干涉條紋。這是將光視為波時所產生的干涉條紋，也是證明光有波的性質的證據。

接著，把光視為一種粒子時又會如何呢？我們讓光子一個一個通過兩道狹縫，並檢測、記錄光子最後抵達了屏幕上的哪個位置。一開始，光子看起來似乎是隨機打在屏幕上的任何位置，但重複許多次後，發現光子抵達位置的分布如圖 5-12 所示，與圖 4-1 一樣呈現出條紋圖案。這裡重要的地方在於，就算我們只發射一個光子，光子也不會抵達干涉條紋上亮度較弱的地方（暗線），而較容易抵達亮度較強的地方（亮線）。

就我們看來，這實在是相當不可思議的現象。如圖 4-1 所示，亮線與暗線出現的位置，是由兩個狹縫的間隔，以及狹縫與屏幕的距離決定的。然而實驗結果卻顯示，光子居然一開始就知道這段距離是多少！一個光子理應只會通過兩道狹縫其中之一，這樣的話，光子應該不會知道隔壁的狹縫是否存在，也不會在通過狹縫時，就已經知道狹縫與屏幕間的距離才對。然而光子形成了干涉條紋，就表示光子知道這些資訊，也就是說，一個光子在通過狹縫時，就已經同時知道「自己所在之狹縫的狀態」以及「通過另一個狹縫時的狀態」。這種可同時確定多個狀態的情況，就稱為「量子疊加態」。這是量子特有的行為。

有時候我們會看到有人用「**薛丁格的貓**」為例，說明什麼是「量子疊加態」。如圖5-13所示，我們從箱子外面看不到箱內的貓，故不曉得貓到底是處於「活著的狀態『1』」還是「死亡的狀態『0』」（假設機率分別是1/2），只有在打開箱子之後，才知道貓到底是「活著的狀態『1』」還是「死亡的狀態『0』」，故這個箱子內的貓可說是處於生死（「1」和「0」）「疊加的狀態」。雖然在我們打開箱子以前，並不知道裡面是「1」還是「0」，貓處於一種曖昧的狀態，但我們可以說它同時具有「1」和「0」的狀態，相當方便。

量子電腦是利用量子的「疊加態」來進行運算。現在的數位電腦是以「1」和「0」兩個狀態的數值（位元）當作基本單位來

圖5-12● 光子通過兩道狹縫時的行為

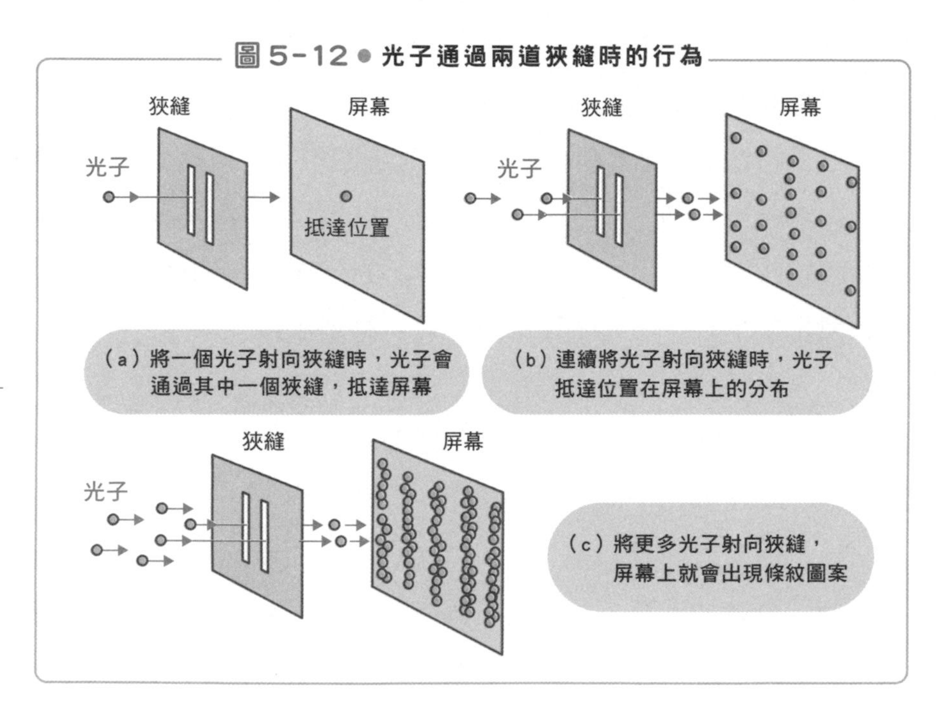

進行運算，然而量子電腦卻可將「1」和「0」的疊加態視為一個基本單位進行運算，也就是所謂的「量子位元」。這麼一來，兩個量子位元就可以表現出「00」、「01」、「10」、「11」四個狀態的疊加態。過去的電腦必須將「00」、「01」、「10」、「11」這四個資料分四次輸入，分別計算，不過使用量子位元的量子電腦卻可以同時輸入這些資料，同時進行運算。由於量子電腦可以用這種方式進行平行運算，故可表現出遠快於一般電腦的超高速運算。

圖 5-13 ● 薛丁格的貓

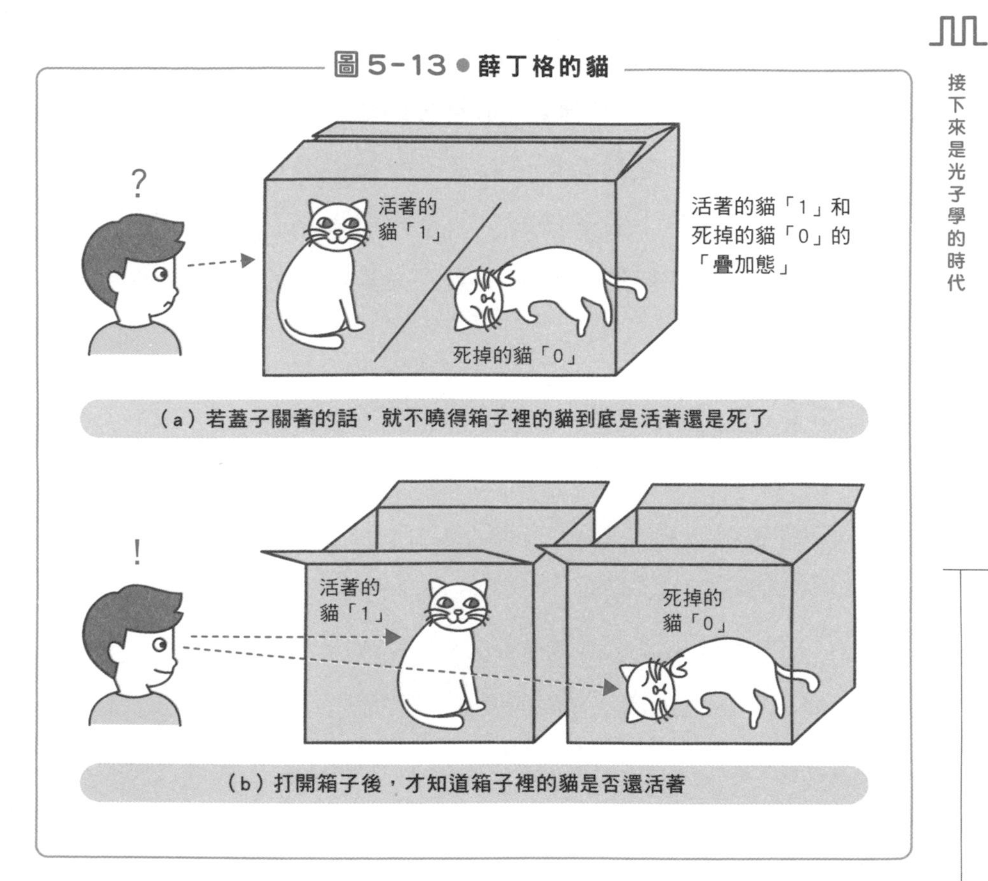

以這個原理運作的量子電腦有其擅長的領域，也有不擅長的領域。未來，研究人員將持續開發相關的演算法，以規範量子位元的計算方式與確認答案的方式。目前，密碼分析被認為是相當適合量子電腦的領域。現在被認為最安全的密碼，就算用超級電腦來破解，仍需花費非常多的時間，故可說是十分安全，但如果用量子電腦的話，在很短的時間內便可破解完畢。所以研究人員們正在嘗試開發就算用量子電腦也無法破解的安全密碼。

研究人員們正在努力做出真正的量子電腦。若要實現量子位元，必須要能夠自由控制每個光子的「量子疊加態」，而隨著半導體技術與雷射技術的發展，自1980年起，自由控制個別量子狀態的研究一直相當熱門。雖然光通常非常難以操作，不過在90年代以後，個別光子之類的量子狀態控制技術有了飛躍性的進展。這種技術（又稱為「**量子技術**」）不只可以用在量子電腦上，也可以應用在各式各樣的領域上，研究人員們亦期待未來會有更多新的發現。

物理之窗

愛因斯坦預言了「重力波」的存在

重力波是當太空中的空間扭曲時所形成的波。當質量很大的星體或黑洞移動、結合時，會造成周圍的空間扭曲，而這種扭曲現象會像波一樣擴散出去。在距今超過一百年前的1916年，愛因斯坦在一般相對論中預言了重力波的存在。然而重力波非常微弱，過去皆將重力波的觀測視為非常困難的事。連愛因斯坦都認為要觀測到重力波幾乎是不可能的任務。

直到2015年秋天，美國的**觀測裝置LIGO**終於首度觀測到了重力波，一時間成為了話題。由後來的分析，我們瞭解到LIGO所觀測到的重力波，是離我們13億光年遠的兩個黑洞結合時所產生的重力波。

觀測微弱的重力波時，會用到雷射光的干涉現象。如圖5-A所示，將光源放置在直角相交的兩條管路的中央，使雷射光朝兩個方向射出，雷射光碰到位於管路末端的鏡子後會反射回來，再以檢測器觀察反射回來的光。這個管線長達3～4km，內部會抽成真空，以避免雷射光前進時碰上阻礙。重力波在各個方向所造成的空間扭曲（伸縮）皆有所不同，故當重力波抵達時，這兩個方向的光走過的距離會有不同的改變，使反射回來的兩個光的光波間出現相位差。故只要能夠檢測出這兩個波重合時所產生的光干涉現象，就可以成為重力波存在的證據。

這個實驗的原理，與我們在第4章的「4-9　光速是一定的，不會改變」（第193頁）中提過，邁克生與莫雷所做的光速測量原理很像。然而重力波所造成的光波相位差非常微小，檢測相當困難。LIGO所使用的管路長度為4km，然而理論上我們應該要檢測出來的相位差大小只有質子大小（約1兆分之1mm）的1000分之1左右。為了檢測出如此小的差異，這巨大且精密的檢測裝置最好能設置在地面不會搖晃、溫度與濕度穩定的地底下。日本則是在岐阜縣神岡礦山的地底下建設了「**KAGRA**」裝置，藉此觀測重力波。首次觀測到微中子而獲得諾貝爾物理學獎（2002 年）的小柴昌俊博士，就是在神岡礦山觀測到微中子的存在。

在檢測光的干涉現象時，若能測出這麼小的差異，就表示我們超越了測定精準度的極限（**標準量子極限**）。我們在「5-7 會用到光的「量子電腦」」（第246頁）一節中也曾提到，若我們能控制個別光子的量子狀態，就有可能突破這個限制。

重力波的觀測，可能會讓我們發現過去藉由光或電波進行觀測的望遠鏡所觀測不到的星體樣貌。黑洞和中子星就是例子。巨大的恆星結束它的一生時會發生超新星爆發，並於中心誕生出黑洞。其光線會被周圍的氣體遮蔽，然而重力波卻能夠穿過所有物質讓我們觀測到。若我們能藉由重力波研究過去一無所知的黑洞，或許能產生出新的理論。研究人員們亦期待能藉由重力波的觀測，瞭解到138 億年前宇宙誕生的姿態。

圖 5-A● 重力波的檢測機制

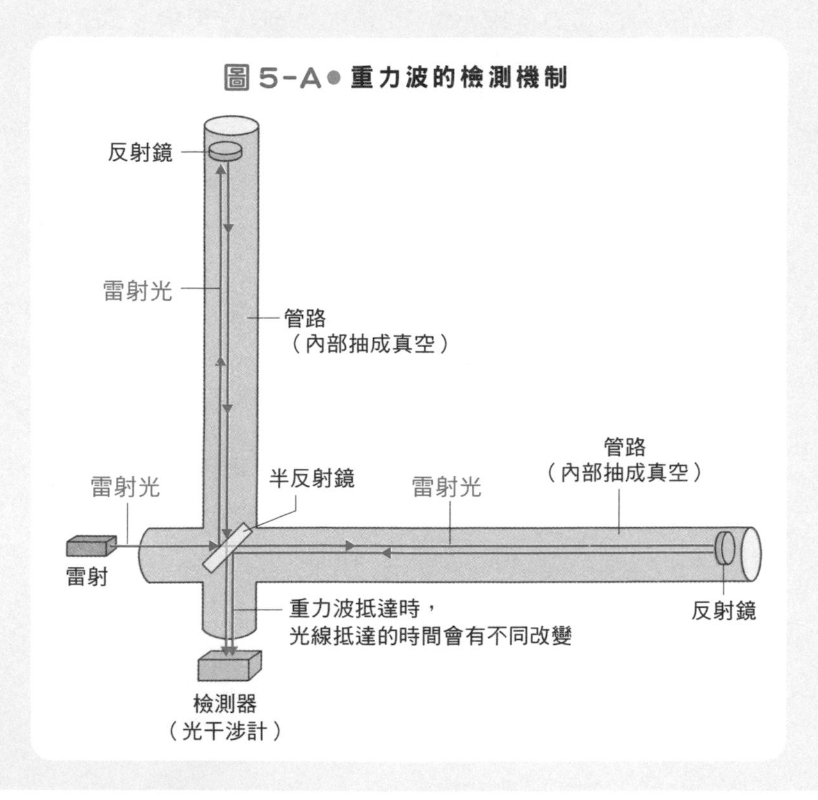

接下來是**重力波天文學**的時代，不過仍有許多問題亟待解決。若要知道重力波從哪個方向過來，需要三個地點以上的裝置同時觀測才行，但觀測所的建設和營運費用相當龐大，非得藉由國際合作才能完成。故我們需建立起國際合作時的觀測機制，並確保觀測預算充足才行。

索引

英數字

1～5畫

6～10畫

11～15畫

16～18畫

作者簡介

井上伸雄（Nobuo Inoue）

1936年出生於福岡市。1959年畢業於名古屋大學工學部電氣工學科，進入日本電信電話公社（現在的NTT）工作。於該公司的電氣通訊研究所研究開發數位傳輸、數位網路等技術。1989年成為多摩大學的教授，現為該大學的名譽教授。工學博士。

○在電氣通訊研究所工作時，致力於日本數位傳輸的實用化，之後亦參與了高速數位傳輸方式與數位網路的研究開發。從日本開始發展數位通訊產業起，二十五年來皆致力於數位通訊技術的研究。

○1989年離開NTT後，於日經Communication誌（日經BP社）連載網路講座專欄。以此為契機，開始執筆寫書，希望能用簡單易懂的方式說明通訊技術。至今寫過的主要作品包括《情報通信早わかり講座》（共著，日經BP社）、《通信＆ネットワークがわかる事典》、《通信のしくみ》、《通信の最新常識》、《図解 通信技術のすべて》（以上皆為日本實業出版社）、《基礎からの通信ネットワーク》（OPTRONICS社）、《「通信」のキホン》、《「電波」のキホン》（以上皆為SOFTBANK Creative）、《全彩圖解通信原理》（臉譜）、《図解 スマートフォンのしくみ》（PHP研究所）、《モバイル通信のしくみと技術がわかる本》（animo出版）、《通読できてよくわかる電気のしくみ》、《情報通信技術はどのように発達してきたのか》（BERET出版）等。

○興趣是海外旅行（超過70次，曾到訪40個以上的國家），與東京六大學棒球賽觀戰。從昭和20年秋的早慶戰以來，幾乎每季都會到神宮球場觀戰，是個老早稻田迷。

圖解 電波與光的基礎和運用

2019年 6 月 1 日初版第一刷發行
2024年10月15日初版第四刷發行

作　　者　井上伲雄
譯　　者　陳朕疆
編　　輯　邱千容
發 行 人　若森稔雄
發 行 所　台灣東販股份有限公司
　　　　　＜地址＞台北市南京東路4段130號2F-1
　　　　　＜電話＞（02）2577-8878
　　　　　＜傳真＞（02）2577-8896
　　　　　＜網址＞https://www.tohan.com.tw
郵撥帳號　1405049-4
法律顧問　蕭雄淋律師
總 經 銷　聯合發行股份有限公司
　　　　　＜電話＞（02）2917-8022

國家圖書館出版品預行編目資料

圖解電波與光的基礎和運用 / 井上伸雄著
; 陳朕疆譯. -- 初版. -- 臺北市 : 臺灣東販,
2019.06
256面 ; 14.7×21公分
譯自 : 「電波と光」のことが一冊でまるごとわかる
ISBN 978-986-511-018-5(平裝)

1.電磁波

338.1　　108006664